プログラミングの
はじめかた

Unityで体験するゲーム作り

あすな こうじ

SB Creative

プログラミングのはじめかた
Unityで体験するゲーム作り

第0章 はじめに 5
- ゲーム作りはなぜ面白いのか? 7
- ゲーム作りは難しい? 7
- 対象 9
- 学び方 9
- 著者 9
- サンプルデータ 11
- ボーナスデータ「山口勝平さんボイス」......... 13
- この本の学びすすめかた 14
- Unityのダウンロード&インストール 15

第1章 はじめてのUnity 19
- プログラム関連ワードを覚えよう! 20
- あたらしいプロジェクトの作成 21
- ゲームオブジェクトを作る・シーン上での操作 23
- シーンビューのカメラ操作 25
- ゲームビューの再生と、シーンの保存 27

第2章 はじめてのプログラミング 31
- 新しいプログラムを動かす 33
- はじめてのプログラム (Hello Unity) 38
- はじめての変数 40
- はじめての計算 42
- はじめての条件分岐 44
- はじめてのループ処理 47
- はじめての配列 (変数が連なった棚) 49

第 ❸ 章　はじめてのゲームづくり　　51

- シンプルなゲームを作ろう! ……………………… 53
- プロジェクト作成と、下準備 ……………………… 55
- わかりやすいプログラムのカタチ ………………… 59
- キャラクターの直接移動 …………………………… 63
- キャラクターの回転 ………………………………… 65
- キャラクターのアタリを作成 ……………………… 67
- スコアを入れる (他スクリプトとの連携) ………… 70
- 効果音をつけよう …………………………………… 73
- リンゴを大量につくる (プレハブ) ………………… 75
- ゲームクリアを作る／スクリプトを止める ……… 78
- UIテキストを表示しよう …………………………… 80
- スコアを表示しよう ………………………………… 84
- ゲームをループさせよう …………………………… 86
- ゲームを調整しよう! ………………………………… 88
- 「イラッ!」をなくそう ……………………………… 90
- 著者完成版 …………………………………………… 92

第 ❹ 章　はじめてのゲーム企画　　93

- ゲームの企画の考えかた …………………………… 95
- ターゲットを考える ………………………………… 98
- ターゲットに合わせて遊びを変化させる ………… 99
- 面白さのつくりかた ………………………………… 101
- 企画書にしてみよう ………………………………… 106

第 ❺ 章　ベース部分に挑戦　　109

- ゲームのベース紹介 ………………………………… 111
- ベース① フィールドアクションのベース ………… 114
- フィールドアクションのカメラ …………………… 117
- ベース② 横スクロールアクションのベース ……… 119
- ベース③ 宝箱からお宝がでるゲーム ……………… 125
- 画面を振動させたい! ………………………………… 128

著者完成版を遊んでみよう	130
ゲームのベース活用方法	131

第6章 ゲームを彩る表現集　133

ゲーム作りに役立つTips	134
Tips① キーボードとマウスからの入力	137
Tips② マウスの位置を知りたい	139
Tips③ かんたんなスワイプ	141
Tips④ スプライト（2D絵）を動かしたい	143
Tips⑤ 絵を変更したい／色や透明度を変えたい	145
Tips⑥ UI（テキスト, 画像, ボタン）を表示したい	147
Tips⑦ UIテキストをプログラムで変更したい	152
Tips⑧ UIイメージの画像を表示	153
Tips⑨ UIボタン	156
Tips⑩ 画面サイズを固定したい	158
Tips⑪ SE/BGMを鳴らしたい	160
Tips⑫ 便利なサウンド担当	162
Tips⑬ 物理挙動（Rigidbody）を扱いたい	164
Tips⑭ プログラムで物理挙動を操る／物理判定を見る	166
Tips⑮ 範囲アタリと、プログラムでの判定	168
Tips⑯ タグによるアタリの判別	170
Tips⑰ 2Dの物理挙動（Rigidbody2D）	172
Tips⑱ 変数のセーブとロード	176
Tips⑲ かんたんエフェクト3D	177
Tips⑳ かんたん連射	180
Tips㉑ トゥーンシェーディング	181
Tips㉒ 一時的にスローにしたい	183
Tips㉓ シーンを切り替えたい	184
Tips㉔ その他の表現について	187

第7章 さいごに　189

あとがき	190
スタッフクレジット	191

第0章

はじめに

どこかの星の王子かどうかは
誰も知らないプリンスは、
宇宙最高のお宝を探して
旅に出ました——

おともは個人用生体宇宙服型
アンドロイドのパパパンダ。

この本の特徴

知識・費用ゼロからはじめられる!!

- プログラム超初心者からでも大丈夫!!
- ゲーム作成ツール「Unity」は無料!!

君の考えたゲームを面白く作れる!!

- プロのノウハウの詰まったゲーム作り!!
- 「面白く」するところまで紹介!!

圧倒的サンプルデータで楽しめる!!

- 人気声優「山口勝平さん」ボイス!!!!!
- 100を超える3D,2D,音声データ付き!!
- コメント付きプロジェクトも多数収録!!

自分のゲームを作って、
誰かに自慢できる!! (ドヤ)

ゲーム作りはなぜ面白いのか？

　ゲームを遊ぶのも面白いですが、ゲームを作るのも面白いんです！ それはなぜか？ この本を読み進めることで、そのことが徐々に明らかになっていきます。

　ゲームを作る面白さを、知っていますか？ 多くの人に知ってもらえていないのですが、ゲームを遊ぶのと同じぐらい面白い体験なのです。

ゲーム作りはなぜ面白いのか？

　これを読んでいるあなたはその魅力に少し気づいているはずです。それがどういう魅力かこの機会にぜひ知って、より豊かな人生を過ごしてみませんか？

ゲーム作りは難しい？

「ゲームが作りたい！ けど、難しいからどうせ作れない」なんて思っていませんか？

大丈夫です！

　ひとむかし前までは会社でしか作れなかったゲームが、いまや自宅のパソコンで、無料のツールで、かんたんに作ることができるのです！

「でもツールを覚えたり、プログラムを覚えるのは難しい！」と思っていませんか？

大丈夫です‼

　この本では要素をひとつずつ、画像を使ってわかりやすく説明するので、かんたんに覚えていくことができます。プログラムも無駄なものをカットして紹介していくので、くじけることはありません！

　「本で紹介したゲームを作り終えるだけで、自分の考えたゲームは作れない」と思っていませんか？

大丈夫です‼！

　準備運動にシンプルなゲームを作ったら、その後は自分のゲームを作りましょう！　いくつかのゲームを彩る表現を好きな順番で学び、取り入れることで、誰でも「自分の作りたいゲーム」が作れます！

　ゲームアイデアのまとめ方や面白くするコツなども紹介しますので、すぐに作りたいゲームのアイデアが浮かばなくても「あなたのゲーム」がきっと作れるようになります！

大丈夫、じゃ無い⁉

　"誰でも大丈夫じゃないところ"。それは、最初の一歩を踏み出せるかどうかです。多くの人はやろうと思うだけで、最初の一歩が踏み出せず素晴らしい体験を逃してしまいがちです。

　今、この本を手に取っているあなたは、半歩踏み出しています！　もう半歩踏み出して素晴らしい感動を手にしましょう！

きっと大丈夫！

対象

　この本は「はじめてプログラミングしてみたい！」という人向けの本です。自分の考えたゲームを作りたい学生さん、本格的なゲーム作りを目指す方、スキルアップしたい方の「**最初の一歩**」として、またお子さんのためにゲームを作ってあげたいと思っているお父さん＆お母さん、学校の先生にも、楽しんでいただける本になっています！

学び方

本書では以下のような流れで、学び進めていきます。
1）Unityのインストール＆エディターの使い方
2）はじめてのプログラム
3）はじめてのゲームづくり
4）ゲーム企画のつくりかた
5）ゲームのベース紹介
6）ゲーム作りTips

著者

　自己紹介が遅れました。著者の、**あすなこうじ**です。もうかれこれゲーム業界で20数年ゲーム作りをお仕事にしています。仕事以外に、趣味でゲームを作るほどゲーム作りが大好きです。

　企画の立ち上げから、リリース、プロジェクト運営。キャラクター、ステージ、音、調整、タイトルからセーブまわりまでほぼすべてに関わったことがあり、全体を統括するディレクターの立場

で何度もゲームを作らせてもらいました。

　その中で、伝説と呼ばれる方にゲームの作り方を教わったり、全世界で数百万本売れるゲームに関わらせてもらったり、数百万ダウンロードされたゲームのディレクションをさせてもらったりと、貴重な体験をしてきました。

　この本は、前著『ゲームづくりのはじめかた』と同じく、プログラム監修を現職の加藤政樹さんにお願いしています。また業務外にも関わらずサンプルデータなどで参加していただいた皆様には、感謝の言葉しかありません。

　そしてこの本のために声を収録させて頂いた山口勝平さま、またボイス収録をして頂いた株式会社RRJ橋満さまにも心から感謝申し上げます。

● サンプルデータ

　本の中に出てくるサンプルデータは、SBクリエイティブ公式サイトの「プログラミングのはじめかた」のサポートページよりダウンロードして下さい。

```
http://www.sbcr.jp/products/4797393903.html
```

　各章で使うサンプルプロジェクトの他、商用でも無料で使えるデータ（３Dモデル、２Dドット絵、サウンド）なども用意されています。

●3Dデータ

　これらのサンプルデータを見るだけでもワクワクしませんか？　これらを自由に使いこなせるようになっていきましょう！

● **2Dドット絵**

● **SE/BGM**

　それぞれ汎用的に使えるものを用意していますので、あなたのゲームを作る時に利用して下さい！

ボーナスデータ「山口勝平さんボイス」

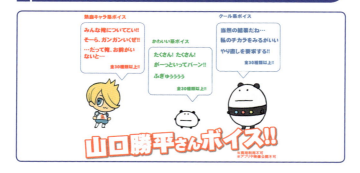

　本書を買ってくれた人へのボーナスとして、あの山口勝平さんのボイスデータを用意しました！　すてきなボイスが付くだけでゲームは一気に華やかに、楽しくなります！

　ただし、商用利用不可、アプリや映像としても公開不可です。個人で楽しむことに承諾いただけた方のみダウンロードしていただけます。

http://www.sbcr.jp/products/4797393903.html

　ダウンロード時に求められるパスワードは191ページに記載してあります。

　カッコイイ主人公系、クール系、かわいい系ボイスが90ボイス以上用意されていますよ！

● この本の学びすすめかた

　この本以下のような流れで学び進めます。あなたのゲームを作って自慢（ドヤ）できるように頑張りましょう！

● 学びすすめかた

この本の学びすすめかた

プログラミングの流れを体験!!

- Unity の使い方
- はじめてのプログラミング
- はじめてのゲーム作り

自分でゲームを考えて作る練習!!

- はじめてのゲーム企画
- ベースプロジェクト作成
- ゲームの小ワザを習得

自分のゲームを作って自慢する!!

- 圧倒的サンプルデータでゲームを作る
- 山口勝平さんボイスで、魅力を高める！

ゲーム作り力（ヂカラ）獲得!!

ゆっくり
学んでいこうぜ！

Unityのダウンロード＆インストール

本書では開発ツール「Unity」を使ってゲームを作っていきます。
さっそく「Unity」をダウンロードしてみましょう。

●Unityをダウンロード

① インターネットブラウザで 「http://japan.unity3d.com/」 にアクセス

② 右上にある「Unityを入手」をクリック
（2018年3月15日時点）

③ ダウンロードページで「Personalを試す」をクリック

ここでは「Personal」版をダウンロードする方法を紹介します。

●Personal版のダウンロード

① 同意をチェック
②「インストーラーをダウンロード」を押す

ダウンロードができたら、ダウンロードしたフォルダを開いて、インストールしましょう。

●Unityをインストール

① ファイルブラウザから、インストーラーを起動

② インストーラーが起動したら、「Next >」をクリック

③「I accept the ～」にチェック（※利用規約への同意）
④「Next >」をクリック

⑤（Windows版では「Visual Studio」のチェックボックスを外す）
⑥「Next>」をクリック

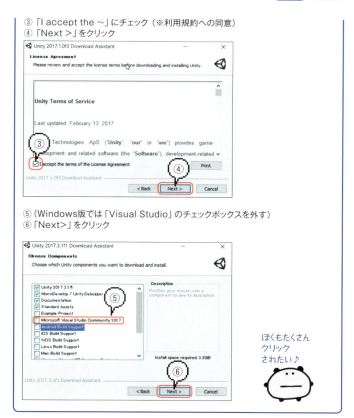

　今回はWindows/Macで同じ説明にするために、プログラミングツールは「MonoDevelop」を選択しています。「Microsoft Visual Studio Community 2017」のチェックを外してインストールを開始して下さい。

●Unityエディターを起動させよう

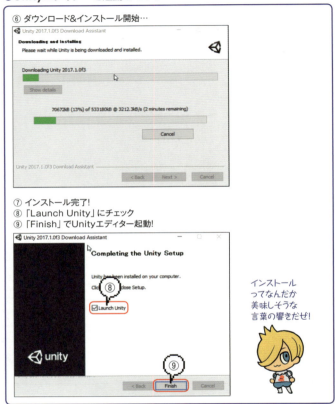

インストールが出来ました。さっそく起動したUnityエディターをさわってみましょう!

第1章
はじめてのUnity

とある星で出会った生き物に
なつかれる。プリンスはコパンダと
名付け、一緒に旅することに——

実は全ての進化の最終地点に
いる究極生物コパンダ。最強!!

● プログラム関連ワードを覚えよう！

　これからUnityエディターを覚えたり、プログラムをしていきますが、その前にいくつかキーワードを覚えておきましょう。

- Unity　　　　　　　ゲームを動かすためのゲームエンジン
- Unityエディター　　視覚的にゲーム作りができるツール
- プログラム　　　　　コンピューターへの命令
- プログラム言語　　　プログラムの書き方のルール
- プロジェクト　　　　1つの作品（例：『桃太郎』）
- シーン　　　　　　　1つの場面（例：「桃が流れてくる場面」）

　本著では、「C#（しーしゃーぷ）」というプログラム言語で、プログラムを紹介していきます。Unityでは「C#」と「JavaScript」という2つのプログラム言語を主に扱うことができます。本著では以下の事から「C#」を選択しています。
- 「C#」はゲーム開発の現場でも良く使われている
- Unity「JavaScript」は一般的な「JavaScript」とは少し違う
- 「C#」のほうが記述がシンプルでかんたん

　まずは、ゲーム作りに入る前に、「Unityエディター」の操作に慣れておきましょう。

第1章 はじめてのUnity

あたらしいプロジェクトの作成

Unityエディターに慣れるために、まずは新しいプロジェクトを作りましょう。

●新しいプロジェクトを作る

① 「Projects」を選択
② 「On Disk」を選択
③ 「New」をクリック

④ プロジェクト名を「hellounity」と入力
⑤ ファイルの保存場所を入力　（わからなければ初期状態でOK）
⑥ 「3D」を選択
⑦ 「Create Project」で、プロジェクト作成!

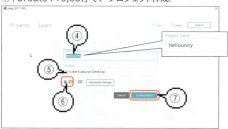

新しいプロジェクト
「hellounity」が起動しました!

やったね♪

Unityエディターの各タブの役割と名前を覚えましょう。

シーン（Scene）　　　　　：舞台。お客さんからみえる景色
ヒエラルキー（Hierarchy）：リスト。出演者や道具などの一覧
アセット（Assets）　　　　：舞台裏。出番待ちの物や人も。
インスペクター（Inspector）：詳細情報。選択中の物や人の情報

● **Unityエディターの画面の名称**

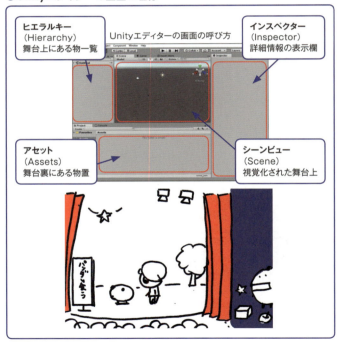

第1章 はじめてのUnity

ゲームオブジェクトを作る・シーン上での操作

次は、Unityエディターの基本的な操作に挑んでみましょう。最初に登場人物となるゲームオブジェクトを作ります！ ゲームオブジェクトとは、シーン（舞台上）にある登場人物や物だけでなく、ゲーム画面（お客様）からは見えないカメラやライトなども含む、シーン上にあるすべての物を指します。

●カプセルを作る

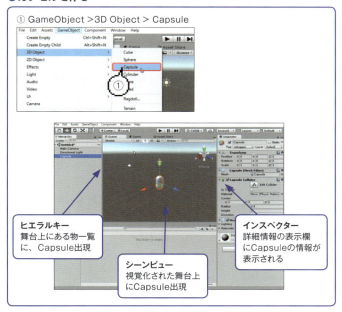

上のように「Capsule」カプセル型のゲームオブジェクトを作れましたか。

次はシーン上で、ゲームオブジェクトの移動・回転・拡大縮小に挑戦です。それぞれシーン上で変更できる他、画面右側にあるインスペクタに数値を直接入力する方法でも変更できます。

操作に慣れるために1つずつ試して下さい。

● 画面操作を覚える

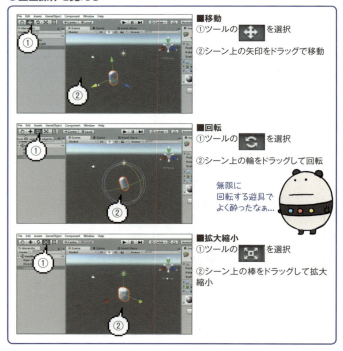

■移動
①ツールの ⊕ を選択
②シーン上の矢印をドラッグで移動

■回転
①ツールの ⟳ を選択
②シーン上の輪をドラッグして回転

無限に
回転する遊具で
よく酔ったなぁ…

■拡大縮小
①ツールの を選択
②シーン上の棒をドラッグして拡大縮小

インスペクター(画面右)の「Position、RotationのXYZすべてに0」、「ScaleのXYZすべてに1」を入力すると初期状態に戻せます。

第1章 はじめてのUnity

シーンビューのカメラ操作

　シーンビューのカメラ操作に挑みましょう。いくつかの方法があるので、触りながら自分にあった操作を見つけて下さい。

●画面のカメラ操作

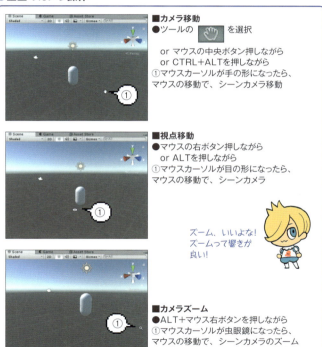

■カメラ移動
●ツールの [手] を選択
　or マウスの中央ボタン押しながら
　or CTRL+ALTを押しながら
①マウスカーソルが手の形になったら、マウスの移動で、シーンカメラ移動

■視点移動
●マウスの右ボタン押しながら
　or ALTを押しながら
①マウスカーソルが目の形になったら、マウスの移動で、シーンカメラ

ズーム、いいよな！
ズームって響きが
良い！

■カメラズーム
●ALT+マウス右ボタンを押しながら
①マウスカーソルが虫眼鏡になったら、マウスの移動で、シーンカメラのズーム
※マウスのホイールでもズームできます

　次は選択中のゲームオブジェクトが、シーンビューのカメラの中央に映るようにする便利な操作に挑戦です。

●選択したものに注目する

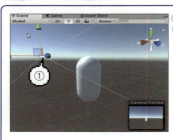

① シーン上のカメラを選択
※範囲選択でも選択できます

②Fキー押す

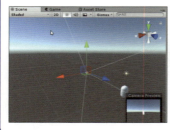

選択したカメラがシーンビューの
中央に来て、見やすくなる

第1章 はじめてのUnity

ゲームビューの再生と、シーンの保存

この項目で最後！ ゲームビューの再生（ゲームスタート）です。再生するとプログラムやゲームオブジェクトが動き出します。今はどこを押して再生するのかだけ覚えましょう。

●ゲームの再生

① ツール上の 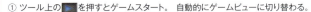 を押すとゲームスタート。 自動的にゲームビューに切り替わる。

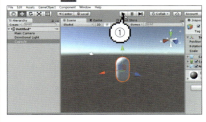

② もう一度 を押すとゲーム停止。 自動的に、シーンビューに切り替わる。

次は作ったものが無くならないようにシーン（場面）のセーブを行いましょう。

1つのプロジェクトでは、いくつものシーンを持つことができます。アセット（舞台袖に準備された登場人物やモノ）はプロジェクト共有なので、別のシーンにも配置することができます。

●プロジェクトのセーブ

①File > Save Scene でセーブ (もしくはCTRL +S)

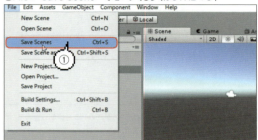

②ファイル名に、保存するシーン名を今回は「GameScene」と入力
③「保存」をクリック

④アセットに「GameScene」が追加された!

⑤アセットの右下のバーで、表示サイズを変更することも出来る。

第1章 はじめてのUnity

　これでシーンの保存が出来ました。次回Unityエディター起動時には、この状態をロードして再開することができます。

●シーン（プロジェクト）のロード

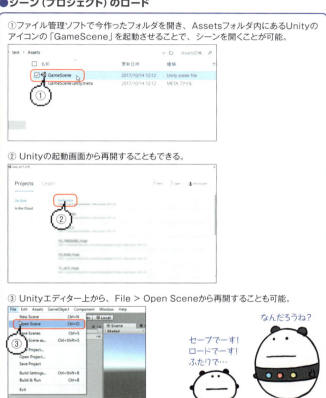

　Unityエディターの基本的な操作は以上です。次はプログラムに挑戦してみましょう！

「とあるゲームプランナーのトホホ日記」(1)

　大学卒業後、大阪のとあるゲーム会社に勤めはじめることができたが、10ヶ月後には会社が倒産し無職に……
　開発途中のゲームを、全員個人契約のチームとして作り終え、そのチームが有限会社、株式会社とランクアップ。その間にひととおり全ての仕様に関わらせてもらう事ができたが、3ヶ月の間に2回の入院を経験。その会社も解散となり、再び無職に……
　伝説と言われる人のゲーム会社に再び入ることが出来たものの、9:30～3:00を月～日曜日朝まで続ける日々と、12時間にも及ぶ社長室での叱咤激励、自分の実力不足により成果が出せない事が重なり、再び入院──
　目が覚めた時には数日が経過しており……
　こんなに激務が続く「ゲーム業界」には、私の身体が耐えられず、現場に迷惑をかけてしまうのは良くないと思い、その会社を辞め、「ゲーム開発」の夢を諦めることに。
　再び無職になった私は、退院後の身体を休めつつ、新たな仕事を見つける日々が続く。
　そんな時に目に入ってきた、運命的な雑誌の1ページ!!
(つづく)

第2章

はじめての
プログラミング

最初わからなかった言葉も、
くり返しやりとりする中で、
なんとなくわかるように――

お互いにわかろうとする気持ちが
あれば、きっと理解しあえるよね。

この章の学びすすめかた

プログラミングのための準備

- 新しいプログラムを作る
- 黒子にプログラムを持たせる
- プログラムエディターの起動

プログラミングに挑戦

- Hello Unity
- 変数
- 計算
- 条件分岐(if)
- 繰り返し
- 配列

プログラミング基礎学習!!

思ってるより、
ぜんぜんかんたんだよ!

新しいプログラムを動かす

「プログラム」は、舞台などで使われる「台本」のようなものです。いつ誰が何をどうするのかが書かれています。しかし、台本だけでは動きません、それを実行するゲームオブジェクトが必要です。

●台本だけでは動かない

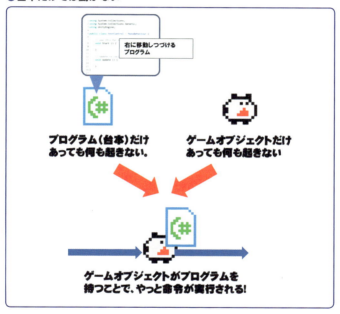

プログラムと、ゲームオブジェクトを新しく作り、ゲームオブジェクトにプログラムを渡して、実行するところまで挑戦してみましょう。

●新しいプログラムを作る

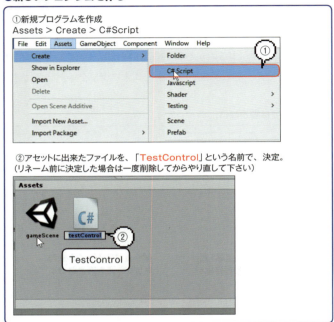

①新規プログラムを作成
Assets > Create > C#Script

②アセットに出来たファイルを、「TestControl」という名前で、決定。
(リネーム前に決定した場合は一度削除してからやり直して下さい)

　次はそのプログラム (台本) を実行してくれるゲームオブジェクトを作りましょう。今回お客様からは姿の見えない黒子のようなゲームオブジェクトを作ります。

●黒子ゲームオブジェクトに持たせる

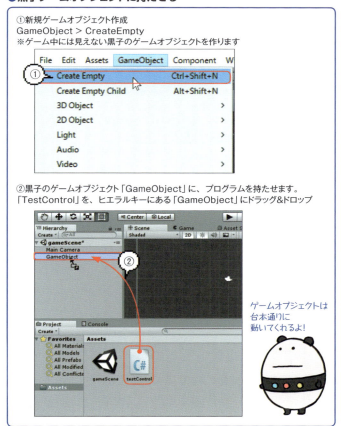

①新規ゲームオブジェクト作成
GameObject > CreateEmpty
※ゲーム中には見えない黒子のゲームオブジェクトを作ります

②黒子のゲームオブジェクト「GameObject」に、プログラムを持たせます。
「TestControl」を、ヒエラルキーにある「GameObject」にドラッグ&ドロップ

ゲームオブジェクトは
台本通りに
動いてくれるよ!

　プログラムを動かす準備が整いました。「TestControl」をダブルクリックして、プログラムエディターを起動させましょう。これまで通りにやっていれば「MonoDevelop」というツールが立ち上がります。

●プログラムエディターを起動させる

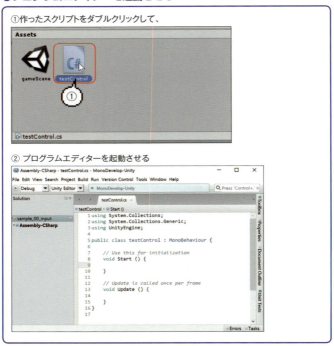

起動したら、最初からプログラムが数行用意されています。これらがどういう意味なのか紹介していきます。

●初期状態のプログラムの説明

```
1 using System.Collections;
2 using System.Collections.Generic;
3 using UnityEngine;
4
5 public class testControl : MonoBehaviour {
6
7     // Use this for initialization
8     void Start () {
9
10    }
11
12    // Update is called once per frame
13    void Update () {
14
15    }
16 }
17
```

- `using System.Collections;` 〜 `using UnityEngine;` → **プログラムに必要なオマジナイ**
- `void Start () { }` → **プログラム起動時に1度だけ実行する箇所**
- `void Update () { }` → **くり返し実行しつづける箇所**

　最初にある「using ～」と3行ある所は、Unityのプログラムで良く使う機能をまとめて使えるようにするオマジナイです。消さずにそのままにしておきましょう。

　「Start()」の{ }の間に書くとプログラムの起動時に1度だけ実行されます。初期のセッティングなどを行います。

　「Update()」の{ }の間に書くと繰返し実行されるプログラムになります。キャラの移動やスコアの計算などを行います。

はじめてのプログラム（Hello Unity）

早速、はじめてのプログラムに挑戦です！「Hello Unity」という文字がUnityエディターの左下に表示させるプログラムを、Start()の{}の間に書いてみましょう。

● TestControl
```
void Start () {
    Debug.Log("Hello Unity");
}
```

書いたらセーブ（CTRL+Sなど）しましょう。セーブできたらUnityエディターに戻ってゲームを実行してみましょう。左下にこっそり「Hello Unity」と表示されたら成功です！

●HelloUnityを表示させる

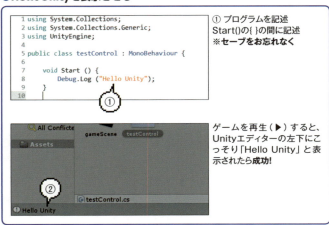

① プログラムを記述
Start()の{ }の間に記述
※セーブをお忘れなく

ゲームを再生（▶）すると、Unityエディターの左下にこっそり「Hello Unity」と表示されたら**成功!**

```
Debug.Log("Hello Unity");
```

　今回記入したDebug.Log()は、かっこ内に書かれた情報をUnityエディターの左下にこっそり出すプログラムです。

　プログラムと言っても難しく考えず「**魔法の言葉**」だと思えばカンタンです！　「**ファイヤー！**」と唱えれば手から炎が飛び出す、「**ワープ！**」と唱えれば瞬間移動する。それらと同じつもりで「**Debug.Log**」と唱えれば( )内の言葉が表示される。ただそれだけなのです！

　もしこっそりでなくおおっぴらに確認したい場合は、画面左下に表示された「HelloUnity」をダブルクリックすれば、より詳細な情報が見られるConsoleタブが開きます。

●**Consoleを大きなウインドウで表示する**

①「Hello Unity」をダブルクリックすれば
Consoleタブが開く

　1つ1つのプログラムの区切りになるのが「**;（セミコロン）**」です。これを忘れるとエラーになってしまうので気をつけてください。

はじめての変数

プログラムには「変数」というものがよく登場します。数字や文字を入れておける箱（はこ）です。「箱」には好きな名前をつけることができます。

●変数のカタチ

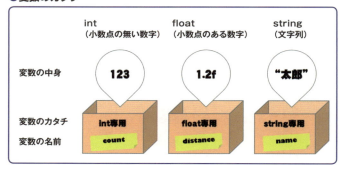

- int型　　：小数点のない数値。例）123
- float型　：小数点のある数値。後ろに「 f 」。例）2.3 f
- string型：入れる文字を「"」で囲む。例）"文字"

先ほどの"Hello Unity"と表示させるプログラムを消し、それぞれの変数に数字や文字を入れてDebug.Log()で表示するプログラムに挑戦です。

「int count」と書くと「int型」の「countという名前の箱」を用意するという意味になります。次のように用意するのと同時に「＝」で代入することも可能です。

● TestControl

```
void Start () {
    int count = 123;           // int型変数に123を入れる.
    float distance = 1.23f;    // float型変数に1.23を入れる.
    string name = "太郎";       // string型職職に太郎を入れる.
    Debug.Log (count);
    Debug.Log (distance);
    Debug.Log (name);
}
```

プログラムを終えたらセーブし、Unityエディターで再生して下さい。Consoleに「箱の中身」が表示されます。

●Consoleに変数の中身を表示する

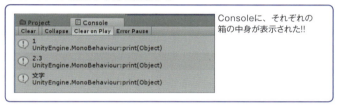

Consoleに、それぞれの箱の中身が表示された!!

今回、上で出てきた「//」は、それ以降に書かれた同じ行のものをプログラムとしては認識しないマークで、注意書きやコメントを残すのによく使われます。最後に半角の「.」を打たないとうまく動いてくれない時があります。

●その他の変数紹介

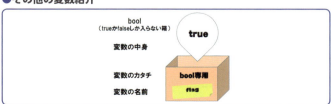

はじめての計算

次はプログラムでの計算に挑戦してみましょう。算数と違う点は大きく3つあります。

- 「=」は「左側の変数に代入しますよ」という意味に
- 「×」は「*」で表記する
- 「÷」は「/」と表記する

先ほどのプログラムを消して、以下のように書いてみて下さい。

● TestControl

```
void Start () {
    int count;
    count = 1 + 2;      // 1+2の結果をcountに入れる(=).
    Debug.Log (count);
}
```

いくつか計算のサンプルを用意しました。「*」や「/」も使っています。ひとつずつ試してください。

●色々な計算

足し算	seisu = 1 + 2;	// 3.
引き算	seisu = 2 - 1;	// 1.
かけ算	seisu = 2 * 3;	// 6.
わり算	seisu = 4/ 2;	// 2.
小数点	shosu = 1.1f + 1.2f;	// 2.3f.
文字列	moji = "山田" + "太郎";	// 山田太郎.

変数同士の計算ももちろん可能です。ただ、違う「型」の変数同士で計算する場合には、型を変換する必要があります（※変換できないもの、変換しなくてよいものもあります）

●型の違う変数同士の計算

整数＋小数点	seisu = 3 + (int) shosu.
小数点＋整数	shosu = 1.2f + seisu.
文字列＋整数	moji = "LEVEL" + seisu.
整数を文字に	moji = seisu.ToString();

これ以外にも覚えておくと便利な計算方法がいくつか用意されています。それぞれ一度試してみて下さい。

●便利な計算記述

今の値から増やす/減らす	seisu +=3; seisu -=3;
今の値を倍に/半分に	seisu *= 2; seisu /= 2;
今の値を1増やす/減らす	seisu ++; seisu --;

実際に書いて試してみることで、覚えがより早くなります！　1つずつ、Debug.Log()で表示し、試してみましょう。

はじめての条件分岐

「ボタンが押されたらジャンプ」、「1秒経過したら表示が消える」など、何かしらの条件によって「する・しない」が分岐するスクリプトのことを、条件分岐と呼びます。

指定条件で実行したりしなかったりする条件分岐に挑んでみましょう。まずは最もよく使う「if()文」。()内の条件と合っていれば、{}の中が実行されます。また、算数での「=（イコール／値が同じ）」は、C#プログラムでは「==」と2つ続けて書きます。

● Sample

```
int value = 1;
if (value == 1) {    // valueが1なら.
    // 実行されるプログラム.
}
```

●if（条件）分岐

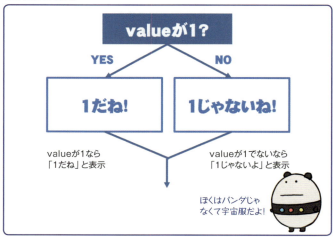

valueが1なら「1だね」と表示

valueが1でないなら「1じゃないよ」と表示

第2章 はじめてのプログラミング

条件に合わなかった時の処理も同時に書くことができます。その場合は、|else| |と追記すれば、次のように後半の| |内のスクリプトが実行されます。一度入力して試してください。

●if文のプログラム

```
void Start () {
    int value = 1;
                    条件
    if (value == 1) {

        Debug.Log ("1だね");          条件が合っている場合に
                                     実行されるプログラム
    } else {

        Debug.Log ("1じゃない");       条件が合っていない場合に
                                     実行されるプログラム
    }
}
```

条件は、以下のようなものもあります。TestControlの記述を入れ替えて試してみて下さい。

●色々な条件

値が同じなら	`if (value == 1) { }`
値が同じでないなら	`if (value != 1) { }`
値が 1以下なら	`if (value < 1) { }`
値が 1未満なら	`if (value <= 1) { }`

1つの変数からいくつかの条件で分岐する場合にはswitch()が便利です。キャラクター状況によって行動が変わる時などに使えます。

switchは()内に入れた変数の値ごとに処理を変えることが出来ます。{}内に書かれた、caseの後ろに書かれた値と変数が同じ時だけ実行されます。これも入力して試してください。

● TestControl
```
int step = 0;
switch (step) {          // step変数の中身で分岐.
  case 0:                // stepが0の場合.
    Debug.Log ("0だね"); // step==0の場合.
    break;               // 各case毎にbreakで分岐終了.
  case 1:
    Debug.Log ("1だね"); // step==1の場合.
    break;
  default:
    Debug.Log ("それ以外だね"); // それ以外の場合.
    break;
}
```

●switch分岐

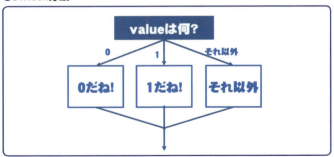

上手に分岐できたでしょうか。条件文の使い方を覚えたら次へ進みましょう。

はじめてのループ処理

ループ(繰り返し処理)に挑戦してみましょう。最もよく使うのは for() 文です。今回も Start() の ‖ 内に書いてみて下さい。

- **TestControl**
```
for (int i = 0; i < 10; i++) { // iが0～9の時(合計10回)処理.
    Debug.Log(i); // 0,1,2～9と表示される.
}
```

これで10回、Debug.Log で i の値が表示されたはずです。「10」の部分を「繰り返したい数に変更する」と覚えておけば、OK です！ ほとんどこのカタチ以外で使うことはありません。

●for (くり返し) 文

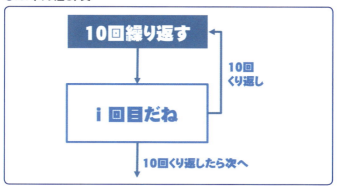

for() 文の中に、更に for() 文を入れて使うこともできます。縦横いくつもあるパズルのマス目などを全てチェックする時などに使えます。

- **TestControl**

```
for (int x = 0; x < 10; x++) {      // xは0~9まで回る.
  for (int y = 0; y < 10; y++) {    // その中で毎回 yが0~9まで回る.

    Debug.Log (x+ "," + y);         // 0,0~ 9,9まで合計100回表示される.

  }
}
```

Consoleに100回表示されることが確認できたら成功です！

「とあるゲームプランナーのトホホ日記」(2)

　3回目の無職中だった私の目に飛び込んできたのは、大手ゲーム会社の開発スタッフ募集ページでした。体力的にゲーム業界を諦めた私でしたが、職探し中だった事もありダメ元で応募。

　結果は採用。ベビーカーを押しながら大阪から横浜に引越し、勤め始めることに（※この時まだ大阪に開発部署があることを知らない）

　さすがに大企業なので激務でないだろうと安心していたが、入ったプロジェクトが1、2を争う激務プロジェクト！　しかもまだプロジェクトが始まったばかりなのに、半年後には3機種同時発売が決定しているという！

（つづく）

はじめての配列（変数が連なった棚）

「配列」は「変数の箱が連なった棚」のようなものです。例えば、チームメンバーそれぞれの獲得スコアを入れておいたり、パズルの9×9マスにある色を覚えたりできます。

棚は横並びだけでなく、縦＆横、縦＆横＆奥のものも作れます。色々な型の配列が作れますが、ここでは「整数型」の配列を紹介しておきます。

●整数の配列イメージ

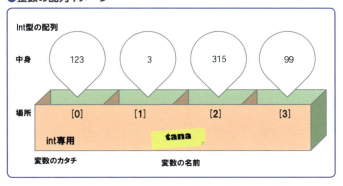

● TestControl

```
int[] tana = new int[4]; // 横列のみ4個入れる所がある棚.
tana[0] = 123;
tana[1] = 3;
tana[2] = 315;
tana[3] = 99;
Debug.Log( tana[2] );    // 315と表示される.
```

棚の番号は1からではなく0からスタートします。

いろいろな配列のプログラムにチャレンジしてみましょう。

● **TestControl**

```
    int[,] tana2 = new int[3,4];  // 縦3×横4の棚を作る.
    tana2 [1, 2] = 12;            // 縦1、横2の箱に12を入れる.
    Debug.Log ( tana2 [1, 2] );   // 12と表示される.
    float[] f_tana = new float[4]; // 小数点型の棚も作れる.
    string[,] s_tana = new string[5,6]; // 文字型の棚も作れる.
```

配列と一緒に覚えておきたいのが「foreach()」のループ文です。これは配列用のfor()文のようなもので、配列の箱の中身をすべて処理してくれる便利なループ文です。入力して試してみましょう。

● **TestControl**

```
    int[] heya = new int[8]; // 8つの棚を作る.
    for (int i = 0; i < 8; i++) {
        heya [i] = i; // 0~8の枠に、0~8の数字を入れる.
    }
    // heya[]の中身全てを1つずつnoとして処理.
    foreach (int no in heya) {
        Debug.Log( no); // 0~8が表示される.
    }
```

これで、基本的な計算方法とUnityエディターの使い方はばっちりです！ 次は、かんたんなゲーム作りの章「はじめてのゲームづくり」に挑戦してみましょう！

第3章
はじめてのゲームづくり

はじめての冒険に挑むプリンスたち。
未知なる旅路は、不安でいっぱい!
だけどその先には、輝くお宝が――

準備は万全。挑んだ数だけ自分の
経験になる、自分を超えていける!

この章の学びすすめかた

プロジェクト作成と下準備

- 新しいプロジェクトを作る
- データのインポート
- プログラムの準備
- ゲーム用プログラムを実装

ゲームプログラムに挑戦

- キャラクターの移動
- キャラクターの回転
- アタリ判定を実装
- スコアを入れる(他プログラムと連携)
- 効果音をつける
- プレハブを作る
- ゲームクリアを作る
- UIテキストを実装／スコアの表示
- ゲームをループさせる

面白くなるように調整

- ゲームを面白くする
- イラッをなくす

最後がとても重要だぜ！
せっかく作った料理を、
美味しくしたいよな！

第3章 はじめてのゲームづくり

シンプルなゲームを作ろう！

　ゲームの作り方をひととおり体験してみましょう。とてもシンプルで、プログラムも難しくなく、短いので、気負わずにチャレンジしてみて下さい。
　まずはどんなゲームを作ろうとしているかを知るために、サンプルデータにある「完成版」を遊んでみましょう。

・「30_game/pundarun_final/Assets/GameScene」を開く

●完成版

キャラを操作できるタイトル画面

著者完成版では100個のリンゴを食べる時間を競う。

　これから作るゲームは「パンダが走り回って、リンゴを食べるゲーム」です！　ゲームオブジェクトの移動や回転、基本的なアタリ判定（ゲームオブジェクト同士が接触していないか）などのプログラムと、ゲームの完成までの流れを学んで行きましょう。

●この章で作るもの

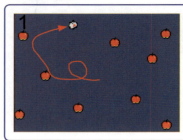

本章で作るゲームは、
自動で走り続けるコパンダを
左右旋回させて、
リンゴを10個食べるゲーム

リンゴ好きだっけ？

ふつう。

これから作るものは
- 1) 左右に旋回させることができる走り続けるコパンダ
- 2) パンダが接触したら消えるリンゴ
- 3) スコアを管理し表示する（見えない）黒子さん

の3つです。

おまけコラム①

「プログラムは難しい！」という印象がありますよね。私も同じくそう思っていました。教えてもらう中で言われた言葉が忘れられません。

それは、「プログラムなんてどんな書き方でも、プレイヤーには関係ない。プログラムを楽しんで！」というものでした。例え変な変数名を使っていても、カッコいいループ文を使っていなくても、確かに遊んでいる人には関係ないんですよね。

その言葉をもらって、とても気が楽になり、ますますプログラムが好きになりました。

読んでくれているあなたも気負わずに、指示すれば動いてくれるプログラムを楽しんでもらえたらと思っています！

第3章 はじめてのゲームづくり

プロジェクト作成と、下準備

　まずはゲームを作るために、新しいプロジェクト「pandarun」を用意しましょう。今回は２Ｄのゲームですので「２Ｄ」にチェックをして下さい。プロジェクトが開いたらシーンをセーブ！

●新しいプロジェクトの作成

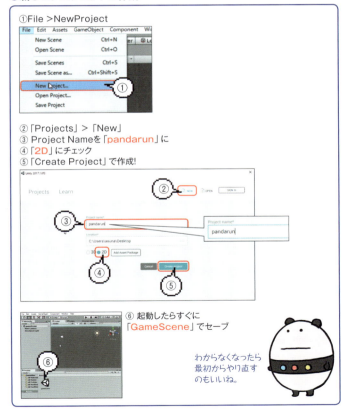

① File > NewProject

② 「Projects」>「New」
③ Project Nameを「pandarun」に
④ 「2D」にチェック
⑤ 「Create Project」で作成!

⑥ 起動したらすぐに「GameScene」でセーブ

わからなくなったら最初からやり直すのもいいね。

ゲームで使うための画像と音声データを、サンプルデータから本プロジェクトに入れましょう。
・「30_game/datas」以下にある3つのファイルを
　Unityエディターの Assets にドラッグアンドドロップ

●**サンプルデータをインポート**

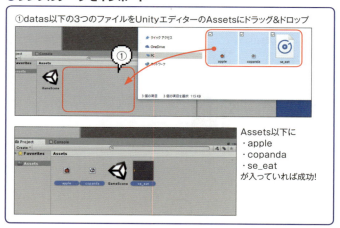

パンダもリンゴもとても小さいサイズで作られているので、画面上での表示を調整します。画面上での表示サイズや、表示の鮮明さも調整できます。

・appleを選択し、インスペクターから調整
・copandaを同じように調整

●絵の大きさと鮮明さを調整

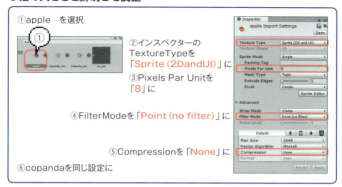

①apple を選択
②インスペクターのTextureTypeを「Sprite (2DandUI)」に
③Pixels Par Unitを「8」に
④FilterModeを「Point (no filter)」に
⑤Compressionを「None」に
⑥copandaを同じ設定に

設定ができたらコパンダと、リンゴをシーンに配置しましょう。

●appleとcopandaシーン上に配置

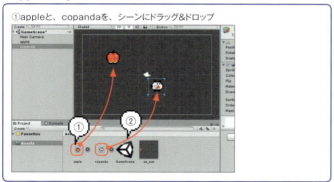

①appleと、copandaを、シーンにドラッグ&ドロップ

次に「GameRoot」という、姿の見えない黒子のゲームオブジェクトも作成します。この黒子さんには、あとでスコアの計算や表示を行ってもらいます。

●黒子を作る

①GameObject > Create Empty
黒子さんゲームオブジェクト作成

②ヒエラルキーで「GameObject」を
1クリック、リネーム可能になるので、
「GameRoot」に変更。黒子さんが完成。

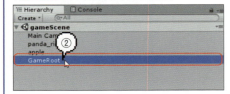

おれが、黒子だ。

わかりやすいプログラムのカタチ

次は、パンダ、リンゴ、黒子それぞれ用プログラムを作り、それぞれのゲームオブジェクトに渡してみましょう。

●プログラムの準備

①3つのプログラムを作る (C#)
Assets > C#Script
・AppleControl
・GameControl
・PlayerControl

② それぞれのゲームオブジェクトに
ドラッグアンドドロップ
・AppleControl → apple
・GameControl → GameRoot
・PlayerControl → copanda

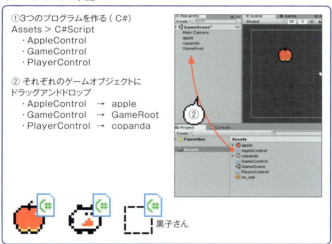

黒子さん

これでプログラムを書いていく準備が整いました。

ゲームを作っていく上で、とてもわかりやすく、把握しやすいプログラムのカタチを紹介します。本著で扱うゲームプログラムの基本となります。

「状況管理方法」とでも言いましょうか。準備、プレイ中、クリア時などの状況でプログラム分岐させる方法です。

・状況を管理するための変数を用意
・状況が変化した時のみ処理する箇所を用意

・それぞれの状況の時に繰返し処理する箇所を用意

準備・プレイ中・クリアといった状況を管理するためにSTEP（ステップ）という名前の状況リストを作り、そのSTEPの状況によってプログラムの処理を変化させます。

・GameRootに設置したGameControlを開く。

まずはSTEPという状況リストを定義し、2つの状況リストを用意します。

● **GameControl**
```
    public enum STEP{          // 状況を管理する(状況リスト)STEP作成.
        NONE = -1,
        SET,
        PLAY,
    }
    private STEP step;         // 今のSTEP.
    private STEP next_step;    // 次のSTEP.
    private float step_timer;  // 経過時間を入れる.

    void Start(){
```

次にStart()で、最初の状況を指定します(SET:準備ステップ)。

● **GameControl**
```
    void Start(){
        next_step = STEP.SET; // 最初はSETから.
    }
```

次にUpdate()に「①状況が変化した時のみ」処理する箇所を用意します。「スコアのリセット」や、「キャラの操作開始」など1度だけ行えば良い処理を書く所です。

第3章 はじめてのゲームづくり

● **GameControl**
```
    void Update () {
        step_timer += Time.deltaTime;  // 経過時間を取得.
        // (1)ステップ変化時に1度だけ実行する所.
        if (next_step != STEP.NONE) {      // next_stepが変化してたら...
            step = next_step;              // 現状に反映.
            next_step = STEP.NONE;         // 次のSTEPは変化待ち状態に.
            step_timer = 0.0f;             // stepが変化したら時間リセット.
            switch (step) {
            case STEP.SET:                 // SETステップの時...
                next_step = STEP.PLAY;     // 次はPLAYステップに.
                break;
            }
        }
    }
```

　次はその下に、「②各状況の時に繰返し」実行する箇所を用意します。こちらは入力によってキャラクターを動かしたり、条件によって次の状況になるかどうかのチェックなどを行う箇所です。

● **GameControl**
```
    void Update () {
        // (1)ステップ変化時に1度だけ実行する所.
        if (next_step != STEP.NONE) {      // next_stepが変化してたら...
// 略.
        }

        // (2)ステップ中繰り返し実行する所.
        switch (step) {
        case STEP.PLAY:
            break;
        }
    }
```

　この「状況管理方法」は、ゲームがとても作りやすくなるので是非覚えて下さい。

●状況管理方法

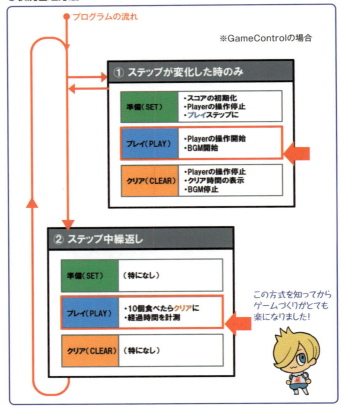

　GameControlで作ったプログラムを同じようにAppleControl、PlayerControlにも記述して下さい。

　実行してエラーが出てしまった時は、文字列を見直したり、一度全部消して書き直すと良いでしょう。最初にやりがちなミスは、全角のスペース「　」を入れてしまう事です。

キャラクターの直接移動

まず、コパンダの「PlayerControl」をプログラムしましょう。まずはコパンダの向いている方向に進む「移動」に挑戦です。移動するスピードをStart()の前で用意し、繰返し実行する所で移動させます。まず、PlayerControlにスピードと角度の変数を用意します。

・PlayerControlを開く

● PlayerControl
```
    private float step_timer; // 経過時間を入れる.
    private float speed = 6.0f; // スピード.

    void Start(){
```

次は「（2）繰返し実行するところ」に、移動しつづけるプログラムします。作業用の変数を使う方法を試します。便利なので覚えてください。すぐに説明しますので、まずはプログラミングしてください。

● PlayerControl
```
    // （2）ステップ中繰り返し実行する所.
    switch (step) {
    case STEP.PLAY:
        Vector3 pos = transform.position; // 作業用変数に←現在の座標を.
        // 正面にspeed/秒で進む.
        // Time.deltaTimeは処理速度の異なるPCで同じ動きになるオマジナイ.
        pos += transform.right* speed * Time.deltaTime;
        transform.position = pos; // 作業した位置を、実際に反映.
        break;
    }
```

さっそく実行してみましょう。パンダが向いている方向に進み、あっという間に画面から消えてしまいます。

●移動するパンダ完成

勝手に右に進んでいき・・・　　　画面外に行ってしまう・・・

今回、コパンダのゲームオブジェクトの位置を変更するには、transfrom.positionを使用しています。Vector3という変数のカタチで、X・Y・Z軸の位置情報を持っています。Time.deltaTimeはPCの性能に関係なく一定のスピードにするオマジナイで、よく使うものなので覚えてみて下さい。

●transform.position

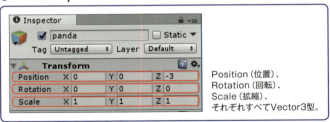

Position（位置）、
Rotation（回転）、
Scale（拡縮）、
それぞれすべてVector3型。

キャラクターの回転

次は向いている方向に走り続けるコパンダを、左クリックで「左旋回させる」プログラムです。先ほどのプログラムに追記していきます。

まず一度に変化する角度を入れた変数を Start() の前に作ります。

● **PlayerControl**
```
    private float speed = 6.0f;        // スピード.
    private float angle = 360.0f / 8.0f; // 一度に変化する角度.

    void Start(){
```

先ほどと同じ要領で、現在の角度を作業用の変数に入れ、左クリックでそれを変化させ、最後にその変化した値を実際に反映させることで回転させます。

● **PlayerControl**
```
        // (2)ステップ中繰り返し実行する所.
        switch (step) {
        case STEP.PLAY:
            Vector3 pos = transform.position; // 作業用変数に、現の座標を.
            pos += transform.right* speed * Time.deltaTime;
            transform.position = pos; // 作業した位置を、実際に反映.

            Vector3 ang = transform.eulerAngles; // 作業用変数に←現在の角度を.
            if (Input.GetMouseButtonDown (0)) { // マウスの左クリック.
                ang.z += angle; // 回転を足す..
            }
            transform.eulerAngles = ang; // 変更した値を、実際に反映.
            break;
        }
```

さっそく実行してマウスの左クリックで遊んでみましょう！

●回転できるようになった!

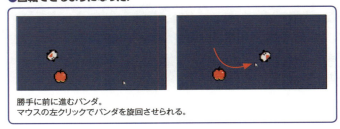

勝手に前に進むパンダ。
マウスの左クリックでパンダを旋回させられる。

　角度の変化はtransform.eulerAngleを変更させます。X,Y,Zの軸に対して回転させることができます。回転はそれぞれの方向に串を刺して回転させるイメージを持つとわかりやすいでしょう。

●Vector3での回転軸

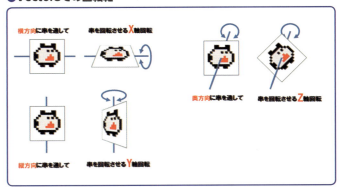

第3章 はじめてのゲームづくり

キャラクターのアタリを作成

今のパンダはまだリンゴをすり抜けてしまいますね。アタリ判定を付けてみましょう。アタリ判定とは、他のゲームオブジェクトと接触したかを判定する範囲のことです。コパンダとリンゴに、Rigidbody2D（リジッドボディ）という物理挙動と、円形のアタリをくっつけます。

●アタリ判定を設定

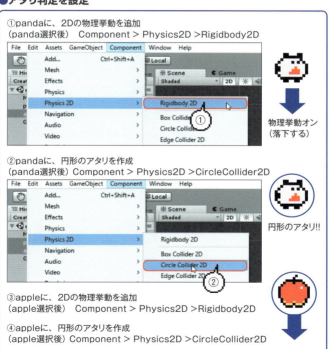

①pandaに、2Dの物理挙動を追加
（panda選択後） Component > Physics2D > Rigidbody2D

物理挙動オン
（落下する）

②pandaに、円形のアタリを作成
（panda選択後） Component > Physics2D > CircleCollider2D

円形のアタリ!!

③appleに、2Dの物理挙動を追加
（apple選択後） Component > Physics2D > Rigidbody2D

④appleに、円形のアタリを作成
（apple選択後） Component > Physics2D > CircleCollider2D

今回のゲームでは重力を使わないので、重力を0にします。

●重力をオフに

もう一度ゲームを遊んでみると、リンゴに体当たりすることができたでしょうか。

次はリンゴのスクリプト「AppleControl」を変更します。アタリ判定がヒットしたら消えるプログラムを書いてみましょう。

Update()の"}"(閉じカッコ)の下に、何かとヒットした時に実行されるプログラム OnCollisionEnter2D() を追記します。これはUnityで用意されている関数で、2Dアタリがヒットした時のみ動くプログラムです。

● AppleControl

```
// 2Dの物理アタリがヒットした時のみ実行.
void OnCollisionStay2D(Collision2D col){
    if (col.gameObject.name == "copanda") {
        Destroy (gameObject); // 指定ゲームオブジェクトを消す.
    }
}
```

さあこれで遊んでみましょう。体当たりするとリンゴが消滅しますよ。

●リンゴと接触したら消える

リンゴに体当たりすると、リンゴが消える。

スコアを入れる（他スクリプトとの連携）

今度はスコアが入るように、他のスクリプトと連携します。「GameControl」で関数を準備し、「AppleControl」からそれを呼び出して使います。

まずは「GameControl」内に、スコア用の変数と、Update()のすぐ下にplusScore()という関数を作って下さい。

・GameControlに、スコア用変数を用意
・GameControlに、plusScore()関数を作成

● **GameControl**
```
    private float step_timer;  // 経過時間を入れる.
    private int score;          // スコア.

    void Start(){
```

次はUpdate()の最後の"}"の下に追記します。これは「関数」というもので、いくつかのプログラムをまとめて処理できる1つの命令を作るようなイメージです。

● **GameControl**
```
    // スコア加算関数を用意.
    public void plusScore(){
        score++;
        Debug.Log (score);
    }
```

次にAppleControlに追記します。先ほど作ったヒットした時の処理に、GameControlと連携するプログラムを書きましょう。

● AppleControl

```
// 2Dの物理アタリがヒットした時のみ実行.
void OnCollisionStay2D(Collision2D col){
    if (col.gameObject.name == "copanda") {
        // 連携1.
        GameObject game_root = GameObject.Find ("GameRoot");
        // 連携2.
        game_root.GetComponent<GameControl> ().plusScore ();
        Destroy (gameObject);
    }
}
```

連携1のようなゲームオブジェクトを、文字列から探し出すプログラムと、

```
GameObject.Find ("GameRoot");
```

連携2のようなゲームオブジェクトに設置された機能を指定するプログラム。

```
GetComponent<GameControl> ();
```

この2つを合わせることで、探してきた"GameRoot"という名前のゲームオブジェクトに設置したプログラム<GameControl>の機能（今回はplusScore()）を使うことができるようになりました！

さぁゲームを遊んでみましょう。リンゴにヒットしたらUnityエディターの左下に、増えた点数が表示されます。

● **点数が増える**

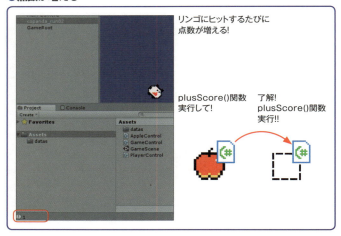

リンゴにヒットするたびに点数が増える!

plusScore()関数実行して!

了解!
plusScore()関数実行!!

おまけコラム②

　ゲーム作りに関わる人たちは、「関わる人すべてを幸せにする」ために頑張っています。それは遊んでくれるプレイヤーはもちろんの事、その商品を販売するお店の人、売り場まで届ける流通の人、広告宣伝する人、関わるスタッフ、関わる会社の人など。

　プレイヤーの楽しい時間を作れても、スタッフが倒れてしまうのも良くないですし、儲からずに会社が倒れてしまうのも望んでいることではありませんよね。

　逆にスタッフや上司に気を使いすぎたものづくりをして、プレイヤーに楽しさを提供できなければ、スタッフの苦労なども全て水の泡になってしまいます。「クソゲー」と叩かれた日には本当に悲しい思いをすることになります。これも誰も望んでいることではありませんよね。

第3章 はじめてのゲームづくり

●効果音をつけよう

リンゴを食べた時に「ガリッ」という効果音(SE)を付けてみましょう。スコアが入った時にGameControlで鳴らします。

●効果音を付ける

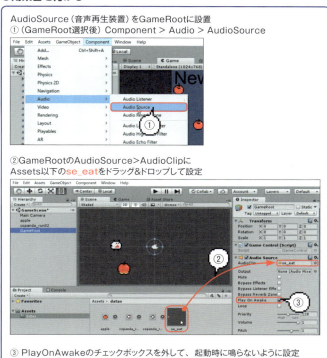

AudioSource(音声再生装置)をGameRootに設置
①(GameRoot選択後) Component > Audio > AudioSource

②GameRootのAudioSource>AudioClipに
Assets以下のse_eatをドラッグ&ドロップして設定

③ PlayOnAwakeのチェックボックスを外して、起動時に鳴らないように設定

　設定ができたらGameControlスクリプトの、plusScore()関数に、一行追記します。

● **GameControl**

```
public void plusScore(){
    score++;
    Debug.Log (score);
    GetComponent<AudioSource>().Play(); // seを鳴らす.
}
```

　これだけです。さっそくプレイしてみましょう。リンゴを食べると「ガリッ♪」と良い音がしますよ！

●**効果音が鳴った!**

リンゴに体当たりすると、
「ガリッ」という音とともに、リンゴが
無くなる。美味しそう!

　第6章（p.162）で紹介しますが、BGMやSEは音を管理するプログラムを用意すると便利です。

リンゴを大量につくる（プレハブ）

UnityにはPrefab（プレハブ）というものがあります。プレハブとは、Assetsに置かれた金型を元に、まったく同じ形のクローンを大量に作り出すことができるものです。

＜プレハブ（金型）とクローンのつくり方＞
①シーン上でプレハブ（金型）となる原型を作成
②Assetsに原型をドラッグ＆ドロップするとプレハブに
③プレハブをシーン上にドラッグ＆ドロップするとクローンに

● **プレハブの説明**

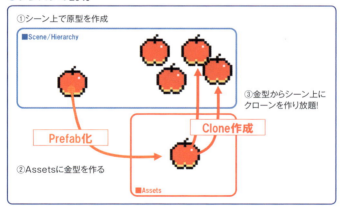

このプレハブの機能を使ってリンゴを大量に出してみましょう。物理挙動やプログラムを設定したリンゴを、プレハブにしてみましょう。

●プレハブのつくりかた

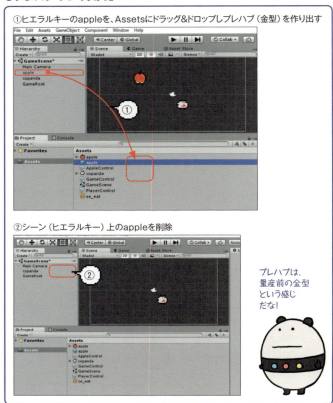

① ヒエラルキーのappleを、Assetsにドラッグ&ドロップしプレハブ（金型）を作り出す

② シーン（ヒエラルキー）上のappleを削除

プレハブは、量産前の金型という感じだな！

　リンゴのプレハブが出来ました。このプレハブをシーン上にドラッグ＆ドロップすれば、プログラムや物理設定が付いたリンゴを大量に配置することができます。

　Assetsにあるリンゴのプレハブを、シーン上に10個ドラッグアンドドロップして、配置しましょう。

第3章 はじめてのゲームづくり

●プレハブのクローンをシーン上に配置

①Assetsのリンゴの原型を、シーン上にドラッグ&ドロップで10個作る

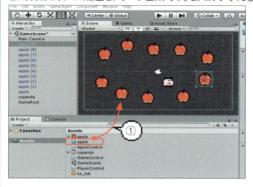

②ゲームを再生してリンゴを全部食べてみよう!

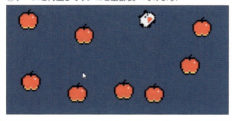

こんなにたくさん
食べられるかなぁ

ゲームクリアを作る／スクリプトを止める

リンゴを10個とったらクリア！ を作ってみましょう。まず、クリアしたらパンダが操作できなくなる＆経過時間が表示されるようにGameControlのSTEPへ、新しい状況「CLEAR」を追記しましょう。

● GameControl
```
    public enum STEP{ // STEP作成.
        NONE = -1,
        SET,
        PLAY,
        CLEAR, // クリア.
    }
```

次に（２）繰返し実行する所の「STEP.PLAY」の処理に、『スコアが１０以上になったら、パンダの動きを止め、Debug.Log()でクリアタイムを表示する』プログラムを追記します。

● GameControl
```
    // (2)ステップ中繰り返し実行する所.
    switch (step) {
    case STEP.PLAY:
        if (score >= 10) {
            GameObject panda = GameObject.Find ("copanda");
            panda.GetComponent<PlayerControl> ().enabled = false; // 止める.
            Debug.Log (step_timer.ToString ()); // 時間を表示.
            next_step = STEP.CLEAR; // クリアステップに.
        }
        break;
    }
```

特定のスクリプトを動かないようにするためには、以下のような記述を使います。trueにするとまた動かすことができます。

```
GetComponent<PlayerControl> ().enabled = false;
```

さて遊んでみましょう。リンゴを10個とったら操作できなくなり、クリアまでの秒数が表示されますよ。

●クリアタイムを表示

①10個たべると、左下にクリアタイム表示！ パンダも操作できなくなる。

ぼくをちゃんと
コントロール
してね！

UIテキストを表示しよう

●UIテキスト

シーン上ではなく、
画面に貼り付くように
表示される**UIテキスト**

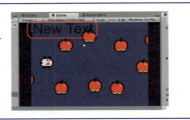

　シーン上のカメラアングルに関係なく、常に手前に表示される点数や体力のようなUIテキストを用意してみましょう。

　「UI」とは「ユーザーインターフェース」の略で、機械とユーザーとの情報のやりとりを示す言葉です。ここではユーザーにテキストで情報を伝えるので「UIテキスト」と表現します。

●UIテキストを作る

①GameObject > UI > Text

②Canvas、Text、EventSystemが増えた

第3章 はじめてのゲームづくり

　キャンバス（Canvas）という透明な板の上に、Textという文字を表示するゲームオブジェクトが作られました。ただ、最初の状態だと思うような表示ではありません。まずキャンバスの大きさを固定しましょう。

●キャンバスの大きさを調整

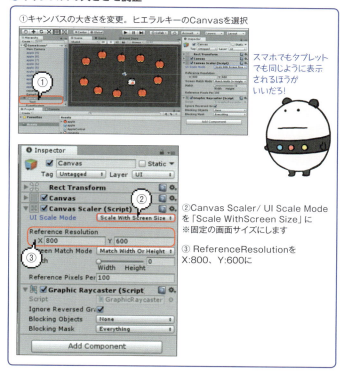

　固定の大きさのキャンバスになりました。ついでにUnityエディターの「ゲームタブ」の表示サイズを固定しておきましょう。

●表示方法を変更

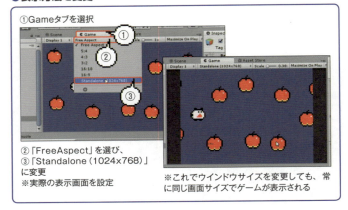

①Gameタブを選択
②「FreeAspect」を選び、
③「Standalone（1024x768）」
に変更
※実際の表示画面を設定

※これでウインドウサイズを変更しても、常に同じ画面サイズでゲームが表示される

　次にUIテキストを、見える所に移動させましょう。画面左上に大きく白文字で表示します。

第3章 はじめてのゲームづくり

●UIテキストを見えるように

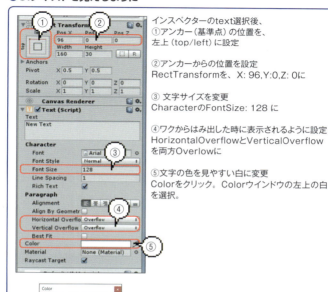

インスペクターのtext選択後、
①アンカー（基準点）の位置を、
左上（top/left）に設定

②アンカーからの位置を設定
RectTransformを、X: 96,Y:0,Z: 0に

③ 文字サイズを変更
CharacterのFontSize: 128 に

④ワクからはみ出した時に表示されるように設定
HorizontalOverflowとVerticalOverflow
を両方Overlowに

⑤文字の色を見やすい白に変更
Colorをクリック。Colorウインドウの左上の白
を選択。

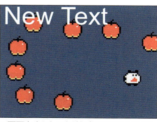

※画面左上にしっかりと表示されましたね！

スコアを表示しよう

今度は、ゲームのスコアを反映させましょう。まずはプログラムでUIテキストを扱うオマジナイを追加します。

● GameControl
```
using System.Collections;
using System.Collections.Generic;
using UnityEngine;
using UnityEngine.UI; // UIを表示するためのオマジナイ.
```

オマジナイを唱えたことで、UIテキストをプログラムで扱えるようになりました。先ほど作ったUIテキストをプログラム中で使うための変数を用意し、Unityエディターで設定します。

● GameControl
```
    private int score;        // スコア.
    public Text text_score;   // UIテキスト.
```

●UIテキストをプログラムと連携

①GameRootを選択し、インスペクターに情報を出す
②GameControlの「Text_score」に
インスペクターの「Text」をドラッグ&ドロップして設定。

第3章 はじめてのゲームづくり

下準備が出来たので、PLAYステップ中でUIテキストに反映させます。

● GameControl

```
// (2)ステップ中繰り返し実行する所.
switch (step) {
  case STEP.PLAY:
    if (score >= 10) {
      GameObject panda = GameObject.Find ("copanda");
      panda.GetComponent<PlayerControl> ().enabled = false;
      Debug.Log (step_timer.ToString ()); // 時間を表示.
      text_score.text = step_timer.ToString(); // タイム表示.
      next_step = STEP.CLEAR; // クリアステップに.
    }
    break;
}
```

最後はスコアが加算された時のplusScore()関数に一行追記し、点数が入るたびに表示を変化させます。

● GameControl

```
public void plusScore(){
    score++;
    Debug.Log (score);
    GetComponent<AudioSource>().Play(); // seを鳴らす.
    text_score.text = score.ToString (); // スコアを表示.
}
```

●スコアがUIテキストで表示された

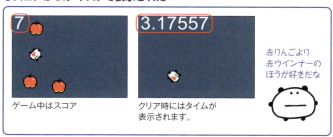

ゲーム中はスコア

クリア時にはタイムが表示されます。

赤りんごより赤ウインナーのほうが好きだな

ゲームをループさせよう

今のままではクリアの度に、ゲームをやめて、起動しなおすしかありません。これでは格好が悪いですね。クリア後にクリックすると、同じシーンを最初から始まるようにしましょう。GameControlに2箇所追記して下さい。

● GameControl

```
using UnityEngine;
using UnityEngine.UI; // UIを表示するためのオマジナイ.
using UnityEngine.SceneManagement; // Scene遷移のためのオマジナイ.
```

次はCLEARステップに追記です。ボタンを押せば、同じシーンをロードし直すことで、ゲームを止めずにループして遊べるようにしています。

● GameControl

```
// (2)ステップ中繰り返し実行する所.
switch (step) {
  case STEP.PLAY:
    // 略.
    break;
  case STEP.CLEAR:
    if (Input.anyKeyDown) {
      SceneManager.LoadScene ("GameScene"); // シーンをロード.
    }
    break;
}
```

まずはシーンを切り替えるSceneManager.LoadScene()関数を使うためのオマジナイ。次に、CLEARステップ時に、ボタンが押されたら今と同じシーン(GameScene)をロード＝リセットして最初からやりなおし。というプログラムを書きました。

※「GameScene」はこのプロジェクトの一番最初にセーブした、本場面(シーン)の名前です。

これで実行してみましょう。ゲームをいちいち再生しなおす必要がなく、延々と遊ぶことができます。

●ゲームがループできた

①ゲーム終了時に、ボタンを押せば

②ふたたびゲームが始まる。延々遊ぶことができるぞ!

ここで大きなゲーム画面で再生する方法を試してみましょう。

●大きな画面でプレーする

①Gameタブを選択
②「Maximise On Play」をオンに!

ゲームを実行すると、大きな画面で遊ぶことができる!

これで完成です! ……とはいきません。

ゲームを調整しよう！

　今の状態は、味付けがまったく調整されていない料理のような状態です。塩加減が足りなかったり、味に変化がなかったり。そんな料理を作りたいわけでも、食べたいわけでもないですよね。

　なので、最後に絶対に必要な作業、"**調整**"を行いましょう。まったく同じ要素でも、この"**調整**"次第で面白くなったり、面白くならなかったりします。

　今回はパンダの「スピード」と「旋回角度」のみを使って調整してみます。まずはcopandaのインスペクターから旋回角度を変更できるようにプログラムを修正しましょう。プログラムを変更せずにインスペクターから変更できるのは、Unityエディターの特徴のひとつです。

● PlayerControl
```
    private STEP step;         // 今のSTEP.
    private STEP next_step;    // 次のSTEP.
    private float step_timer;  // 経過時間を入れる.
    public float speed = 6.0f;              // スピード.
    public float angle = 360.0f / 8.0f;     // 一度に変化する角度.
```

　private（プライベート：外から見えない）を**public**（パブリック：外から見える）に変更しました。publicにすることでインスペクターからから設定できるようになります。スピードや角度を変更して、面白くなるまで調整してみましょう。

　このStart()の上に書いてある変数を「メンバ変数」と呼びます。プログラムが実行されている間は、変数の値が保持される便利な変数です。

●面白くなるまで数値調整を繰り返す

①copandaを選択し、インスペクターに表示
②PandaControlのSpeedとAngleを調整

面白く感じられるまでいろいろな数字を試そう!

難しいのが好き?
易しいのが好き?

ふつう。

　さぁ。どんな数字を試しましたか? 「これだ!」と思う数字だけではなく、「これじゃない!」という数字を試すのも1つの方法です。どんな調整なら面白くて、何が面白くないかが見えてきますよ。

●数値だけで色々な面白さが作れる

パンダのスピードと角度だけで、いろいろな楽しさや面白さが生まれる!

　さて今度こそ完成! ……とはいきません! 数値を調整すれば面白くなることがわかりました。ただ、この今のゲームにイラッとする所はありませんか? それを改良して取り除くのも"調整"の1つです。

●「イラッ!」をなくそう

　今のゲームでイラッとする所……最後のリンゴを食べた後に、ボタンを連打しているとすぐにゲームが始まり、結果を見ることができません。

　こういったちょっとしたイラッ! が、せっかく作り上げた楽しくて面白いゲームを台無しにしてしまいます。

　さっそく、ボタン連打ですぐにゲームがリスタートしないようにプログラムを修正してみましょう。

● GameControl

```
    case STEP.CLEAR:
        if (step_timer > 1.0f) {      // 1秒後以降しか反応しない.
            if (Input.anyKeyDown) {
                SceneManager.LoadScene ("GameScene");
            }
        }
        break;
```

　ゲームを実行してリンゴを全部食べてみましょう。全部食べた後1秒は連打していてもゲームがリスタートしなくなりました。

●イラッとする所が無くなった

クリアタイム表示後、間違って連打していてもすぐにゲームがリスタートせず、イラッとすることが無くなった!

第3章 はじめてのゲームづくり

　ただイラッと部分がなくなっただけでなく、クリアタイムをしっかりと見られるようになりました。これによりタイムアタックに挑むことができます。スコアをメモっておけば、より早いタイムに挑むことができます。

　数値の調整と、イラッと調整をおろそかにすると、どんな高級食材を用意していても、どれだけ労力をかけたとしても全てがダメになってしまいます。味見をしないまま、味の調整をしないまま、お客様に出すなんて、失礼ですよね。

　プロの現場では、プレイヤーが心から嬉しいと思うまで、何度も何度もテストプレイやヒアリングを重ねて、最高の状態に仕上げてから、お客様にお届けしていますよ。

「とあるゲームプランナーのトホホ日記」(3)

　その当時の記憶がないほど働いた甲斐あって、全世界で数百万本の売上を達成。関われたことをとても誇らしく思えるタイトルに。

　その続編を作る中で、社内での企画募集に企画書を出してみると、◎を付けてくれたプロデューサーが！　会いにいってみる事に！　顔もまったく知らないけれど！

　厚紙を切り抜いたピースで何度も面白さを試した渾身の企画を熱くプレゼンした結果、返ってきた言葉は信じられないものだった──

（つづく）

●著者完成版

「はじめてのゲームづくり」はここで終了です。だいたいどんな工程でゲームを作っていくのかを体験できたでしょうか？

この章の冒頭でも紹介したとおり、私がこのゲームをしっかりと作り込んだ著者版も、サンプルデータの中には用意してあります。すべてこの本の第6章で紹介しているTipsの追加だけで出来ています。

著者版のプログラムにもコメントをたくさん載せていますので、ゲーム作りに慣れてきたら参考にして下さいね。

●著者版を遊んでみよう

走り続けるコパンダを右回転させて、全部食べるゲーム

キャラを操作できるタイトル画面　　　　著者完成版では100個のリンゴを食べる時間を競う。

お疲れ様でした！　次の章では「あなたの考えたアイデアを、ゲームにする方法」を学んでみましょう！

第4章
はじめてのゲーム企画

大冒険の前には、しっかり目的地を定めた地図が必要。企てた目標を計画して進もう!

ターゲット(目標)はバッチリ!
向かい方(方法)もバッチリ!!

この章の学びすすめかた

アイデアを考える

- ● ゲームの企画の考えかた
- ● アイデア(誰が何して何する)
- ● ターゲットを考える

面白さのつくりかた

- ● アイデアの膨らませ、ひとつに絞る
- ● 面白さのつくりかた
- ● 面白さを見直す

企画書にしてみよう

- ● 企画書のサンプルを見よう
- ● 企画書をつくろう!

企画書を作るだけでも
たのしいよ!

ゲームの企画の考えかた

3章でゲームを作るだいたいの流れがわかった所で、この章では"自分だけのゲーム"を考えてみます。作りたいゲームが今思いついていなくても大丈夫！ 一緒に考えていきましょう！

まずは遊んでもらいたい人（ターゲット）と、遊んでもらいたい遊びを考えます。企画シートを用意したので、そのワクを埋めていってみましょう。

●ゲームの企画シート

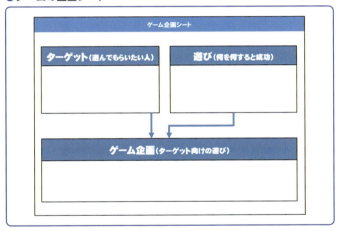

「ターゲットを考える」と「遊びを考える」はどちらが先でも構いません。

数人のチームで考える時は付箋などにアイデアを書いて、貼っていくのも楽しいです。学校やクラブ、友達同士でこのアイデア出しブレストだけをやっても楽しいですよ！

●チームで付箋ブレスト

チームでブレスト（アイデア出し合い会）
（カメラマン：大沼洋平）

閃いた事をどんどん付箋で貼っていく
※数は多いほど、良い！

　ゲームの遊びは「何を何して」、「どうなると成功」というカタチだと考えやすいです。

　たくさんアイデアを出す時のコツは、思いついた物はどんな下らないものでも書き出すことです。脳みそは思いついたアイデアを頑張って覚えておこうとするので、どんどん紙に書き出すことで、次のアイデアが生まれやすくなります。

●遊びのアイデアを考える

遊びかた（何を何したら成功の遊び）	
何を	
何したら	成功の遊び

例）

遊びかた（何をして何したら成功の遊び）	
何をして	ボールを投げて
何したら	ゴールに当てたら　成功の遊び

最初に閃いた「良さそうなアイデア」で考えるのを止めてしまう人が多いのですが、そこで考えるのを止めず、たくさん考えれば、最初に閃いたアイデアよりももっとステキなアイデアを閃くことができます。数や時間を決めてそこまでは考えましょう！

●アイデアの質は数で決まる

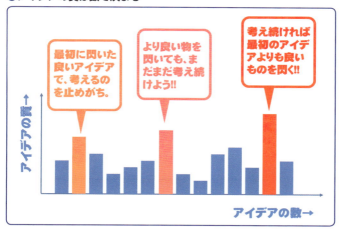

たくさんアイデアを出すコツとして、アイデアを足したり、アイデアを極大化したりする方法があります。「リンゴを10個食べるとクリア」を極大化すると「リンゴを1000個食べるとクリア」になります。画面内に次々と生まれるリンゴを1000個食べ続けるのは、10個の時では味わえない爽快感が生まれそうですよね。

●ターゲットを考える

アイデアの次は、ターゲット（遊んでもらいたい人）を考えましょう。その人の好きなことを多く考えておくと、アイデアの選定がしやすくなり、ちゃんと喜んでもらえるものになります。最初は身近な人や自分をターゲットにすると考えやすいです。

好きなもの、好きな事を書いてみましょう。

●ターゲットを考える

ターゲット（遊んでもらいたい人）	
年齢・性別	
好きなもの	
好きなこと	

例）

ターゲット（遊んでもらいたい人）	
年齢・性別	12歳・男子
好きなもの	パンダ、お金
好きなこと	コインゲーム、シンプルなゲーム

ターゲットの情報がそろったら、最初に紹介した「ゲームの企画シート」に記入してみましょう。

第4章 はじめてのゲーム企画

ターゲットに合わせて遊びを変化させる

　遊びのアイデアとターゲットが決まったら、ターゲットの喜ぶ顔を想像しながら、最も楽しんでもらえそうな遊びに変化させましょう。

●**ターゲットが最も喜ぶ遊びに**

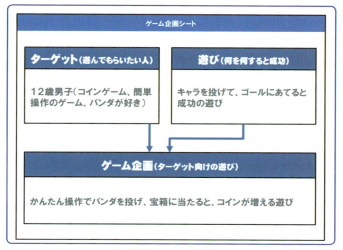

　ターゲットによって遊びは大きく変化します。上で紹介した遊びも、ターゲットが「勝負好き／サッカー好き／30代男性」だとまったく違う企画になる気がしませんか？
　ターゲットが明確であればあるほど、どのアイデアが良くて、どのアイデアが悪いという判断がとてもしやすくなります。例えば「勝負・サッカー好き30代男性」に「パンダで宝箱を空ける遊び」は合わない事がわかります。

さらに「サッカー好き」も「サッカーをするのが好き」なのか、「サッカーを見るのが好き」なのかでも大きく作り方は変わってきますよね。

「とあるゲームプランナーのトホホ日記」(4)

　厚紙を並べて面白さを実感した渾身の企画をプレゼンした所、プロデューサーから返ってきた言葉は信じられないものでした。
「企画書じゃわからないね」
　本当に正直な反応でしたが、面白さに絶対の自信があった私は『実際に遊べるもの』を作るために、プログラムを勉強する事を決心！　当時は続編のマスターアップ直前。夜中に帰ってきては朝の3時まで毎日少しずつプログラムを勉強し『実際に遊べるもの』が完成！
　試作版をプロデューサーに遊んでもらった所、「数時間遊び続けてしまった」という感想を頂け、その後トントン拍子でプロジェクト化することに。
（つづく）

第4章 はじめてのゲーム企画

● 面白さのつくりかた

「面白い遊びを作りましょう！」と書きましたが、「面白い」っていったい何でしょうか？ 「面白い」を知らないのに「面白い」は作れませんよね。

私は、心の師匠から謎かけのように言われた「面白さとは何か？」という問いの答えを考え続けています。現時点で私が思っている「面白さ」のつくり方を紹介しておきます。

● 「面白さ」のしくみ

「面白い」と感じるのはどういう時だろうと考えた時、目標に向かって、考え、行動している時に「面白い」と感じ、成功や失敗といった結果がでた時に「面白かった」と感じるのではないかと私は考えています。そして報酬はそれらに挑むモチベーションを高めてくれ、より面白く感じさせることができる要素です。

　例えば、モンスターと戦うゲーム。どの武器だと有利かと考え、相手の攻撃を避けながら攻撃を当てようとしている時間「面白い」と感じていて、効果的に攻撃が当たってやっつけられたら「面白かった」と感じています。

●面白さそれぞれの要素

　いかがでしょうか？ 全ての面白さを解明できる方程式には程遠いですが、少しだけでも問いの答えに近づいているような気はします。ひとまずはこれにそって遊びを面白くしていきましょう。

　「考察」と「行動」はどちらも必要というわけではありません。どちらかだけでも面白くなりますし、2つともあるからといって必

ずしも面白くなるとは言えません。

　「目標」はあれば良いというものではなく、"挑みがいのあるもの"でなければ面白く感じません。かんたんすぎても面白さを感じず、難しすぎると挑もうという気持ちになりません。遊ぶ人が最も面白いと感じる目標の高さを用意する必要があります。

　12歳の男子にとって1段の跳び箱も100段の跳び箱も面白いとは感じないはずですが、5段ならどうでしょう？ 挑みがいが出る調整がされるだけで面白いと感じたり、感じなかったりするのものなのです。

●ターゲットが「挑みがいがある」と感じる難易度に

　この面白さの作り方ですが、ゲームの遊び以外にも使えます。子供のお片付けの時に「片付けよう」よりも「3分以内にかたずけよう」のほうが面白くなりますし、勉強やテストも「今の点数よりも10点高める」や、「1時間で3ページ終わらせる」のほうが挑み甲斐がありますよね。そして達成できた時に好きなものを買うといったご褒美があると、挑みがいが増します！

●面白さを見直す

目標	コパンダを宝箱に当てたら成功
考察	特になし
行動	ボタンを押せばコパンダが飛ぶ
結果	コパンダが宝箱に当たったか？
報酬	特になし

弱い所、無い所に気づき、
より面白くなるようにアイデアを加える

目標	コパンダを**動く宝箱**に当てたら成功
考察	**当たるタイミングを考える**
行動	**スワイプの強さで**コパンダが飛ぶ
結果	コパンダが**動く宝箱**に当たったか？
報酬	**メダルが増える**

　ターゲットにとってかんたんすぎて面白くなかった遊びが、それぞれの要素で少しチャレンジ出来るように変更しただけで、挑みがいのある遊びになりました。

　さて、あなたが考えていた遊びを、「目標：考察：行動：結果：報酬」にあてはめて、どこが足りないか、どこが弱いかを洗い出し、より面白くなるようにアイデアを足してみましょう。

第4章 はじめてのゲーム企画

●面白さを見直してみよう

	最初に考えていたアイデア	挑みがいを足したアイデア
目標	➡	
考察	➡	
行動	➡	
結果	➡	
報酬	➡	

　ターゲットに楽しんでもらえる遊びを作り、その遊びの面白さをパワーアップさせたものが用意できたら、ゲームの企画書作りに進みましょう！

企画書にしてみよう

　ターゲットと遊びが決まったら、ゲームの企画書を作ってみましょう。企画書といっても堅苦しく考える必要はありません。1枚の紙に、ゲーム画面のイメージと遊び方を書くだけです。

　完成のイメージがぼやっとしたまま作り始めてしまうと、何を作っていたのかわからない迷子状態になり、完成させる事ができなくなる事も多いので、企画書は作ることをオススメします。

● **手書き一枚企画書**

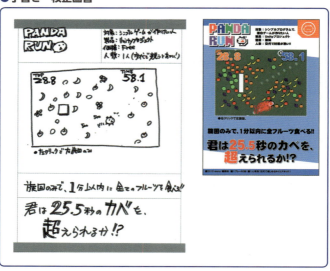

　各要素は以下のような感じで構成されています。ゲーム雑誌のゲーム紹介ページを作るようなイメージで挑むと楽しいですよ。

第4章 はじめてのゲーム企画

●一枚企画書の要素

- ●タイトルロゴ：手書きで良いので雰囲気を伝えよう！
- ●情報：対象や遊ぶ人数などを書こう！
- ●ゲーム画面：キャラの大きさやスコアなど書こう！
- ●遊びかた：一行で魅力が伝わるように！
- ●キャッチフレーズ：遊びたくなるような一言を！

　ちなみに、ここで紹介する企画書の書き方は、気軽に試しやすいように考えたものなので、会社でよく使われているものとはまったく違うものになります。会社によっても企画書は千差万別です。慣れてきたらあなた流の企画書を編み出すのも面白いかもしれません。

　フォーマット化した書類のワクを埋めていってみましょう！

●**フォーマットを埋めよう**

　企画書を作って発表しあうのは面白いですよ！ 友達や同僚同士、学校のオリエンテーションとしてやってみるのもありです！
　もしかしたら、世の中をひっくり返すような企画が生まれるかもしれません！

第5章
ベース部分に挑戦

どの惑星にお宝が眠っているかな。
1つずつ調べてみよう。

お宝のにおいがしたら、その惑星で
より深く、お宝さがしをしよう!!

この章の学びすすめかた

フィールドアクションのプログラム

- ベースプロジェクトを開く
- 移動＆ショットのプログラム
- 追いかけるカメラをプログラム

横スクロールアクションのプログラム

- ベースプロジェクトを開く
- 移動＆ジャンプのプログラム
- 追いかけるカメラをプログラム
- ゴールでキャラクターを停止

宝箱のプログラム

- ベースプロジェクトを開く
- 指定フォルダからデータを出す
- カメラを揺らして迫力を出す

第5章 ベース部分に挑戦

ゲームのベース紹介

　要点をしぼって紹介するために、ベースとなるプロジェクトを3つ用意しました。①フィールドアクション、②横スクロールジャンプアクション、③宝箱のプロジェクトです。

●これから作る3つのゲームの基礎

「フィールドアクション」
フィールド上で自由に移動!
敵キャラクターめがけ弾を発射!

「横スクロールジャンプアクション」
足場をジャンプしていこう!

「宝箱」
宝箱をタップするたびに、
なにかが飛び出す!

　ゲーム作りの手始めに、このプロジェクトを元に、「こうすれば面白くなる！　楽しくなる！」を自分なりに考えながら、学んでいくとより楽しめます。

　ゲームオブジェクトの作成（2章）や、プログラムをゲームオブジェクトに渡す方法（2章）はもう学びましたので、そこまでをまるっと整えたプロジェクトを用意しました。

●サンプルデータの指定ファイルを開く

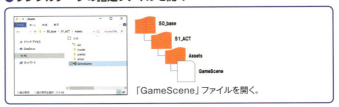

「GameScene」ファイルを開く。

　ここから学ぶプログラム部分だけに集中できるよう、プログラミングする箇所がコメントで記されています。

　「/*」～「*/」の間にかかれた記述は全てコメントとみなされ、プログラムとしては機能しません。一対の「/*」と「*/」を削除することでプログラムとして機能しはじめます。どちらかのみ削除するとエラーになるので気をつけて下さい。

●下準備されたプログラム

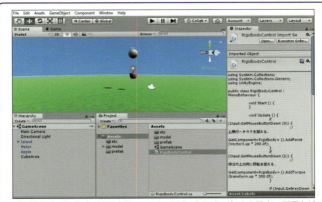

プログラミングに集中できるように、アセットデータのインポートや設定、配置などはすべて済ませてあります。

第5章 ベース部分に挑戦

```
26        if (next_step != STEP.NONE) {
27            step = next_step;        // 現状に反映.
28            next_step = STEP.NONE;    // 変化待ち.
29            step_timer = 0.0f;       // 経過時間リセット.
30
31            switch (step) {
32            case STEP.SET:
33                next_step = STEP.PLAY;  // 次はPLAYステップに.
34                break;
35            }
36        }
37
38        // （2）繰り返し実行.
39        switch (step) {
40        case STEP.PLAY:
41
42            // 移動と操作.
43
44            break;
45        }
46    }
47
48
49
50
51    // プレハブから弾を作り出し、射出！.
52
53
54 }
```

参考として、プログラミングする箇所にコメントが記述されています。

「とあるゲームプランナーのトホホ日記」（5）

　全ての仕様に関わったことがある私は「企画＆監督」として全ての企画作業をこなす事に。プロジェクトはプロデューサー含め全5人。結果、無事ワールドワイドでゲームを発売することができ、ちゃんと黒字タイトルに。良かった！

　その後いくつかのタイトルに関わった後、再びチャンスが訪れる。社内での企画募集に出した企画が拾われ、プロジェクト化することに。

　優秀なスタッフが集結する中、とんでもない大型新人がプロジェクトに配属されてくる――

（つづく）

ベース① フィールドアクションのベース

●フィールドアクションのベース

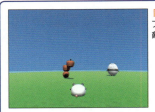

「フィールドアクション」
フィールド上で自由に移動ができ、
敵キャラクターや、弾を発射!

　フィールド上にいるプレイヤーキャラクターを操作するだけのプロジェクトです。アクションゲームにも使えますし、工夫すればRPGや生活ゲームなどにも応用できますよ。

　サンプルデータの中にある、サンプルプロジェクトを開いて下さい。すでにフィールドやキャラクター、プログラムが用意されています。

・「50_Base/51_ACT/Assets/GameScene」を開く

●サンプルプロジェクト

・フィールド
・Player (PlayerControl)
・pppanda
　(EnemyControl)
・Bullet (BulletControl)
・Main Camera
　(CameraControl)
が用意されている。

第5章 ベース部分に挑戦

　Player（コパンダ）には物理挙動（Rigidbody）とアタリ（Mesh Collider）がセットされています。設定方法は、次の章で紹介しています。

　PlayerにあるPlayerControlをプログラムしてみましょう。

・ヤジルシキー（方向キー）で移動

・左クリックでショット

　まずは射出する弾のプログラムから。まず弾のプレハブを格納するメンバ変数を用意します。

● PlayerControl

```
    public GameObject     prefab_apple;    // 射出する弾プレハブを設定.

    void Start () {
        next_step = STEP.SET;    // 最初はSETから.
    }
```

　次は弾を発射する関数を準備。

● PlayerControl

```
   void Update () {
// 略.
   }


    // プレハブから弾を作り出し, 射出！.
    private void shot(){
        GameObject go = Instantiate (prefab_apple);
        go.transform.position = transform.position + transform.forward + transform.up * 0.5f;
        go.GetComponent<Rigidbody> ().AddForce (transform.forward *300.0f +Vector3.up *300.0f);    // 物理のチカラを加えて射出.
    }
```

　次にヤジルシキーで移動＆旋回する操作と、クリックで弾を出す操作を、「（2）繰り返し」の所に記述します。

● PlayerControl

```
// (2)繰り返し実行.
switch (step) {
case STEP.PLAY:
    Vector3 pos = transform.position;      // 作業用位置.
    Vector3 rot = transform.eulerAngles;// 作業用角度.
    // ↑↓で前進後退.  ←→で左右旋回.
    pos += transform.forward * Input.GetAxis ("Vertical") * Time.deltaTime * 12.0f;
    rot.y += Input.GetAxis ("Horizontal") * Time.deltaTime * 120.0f;
    transform.position = pos;     // 位置反映.
    transform.eulerAngles = rot; // 角度反映.

    if (Input.GetMouseButtonDown (0)) {
        shot ();    // ショット.
    }
    break;
}
```

最後にUnityエディター上で弾を設定しましょう。
・PlayerにあるPlayerControl>Prefab_apple枠に、
　Assets/prefab以下に用意されたプレハブAppleを設定

ゲームを再生して、移動やショットを試してみましょう。

●移動やショットが出来る

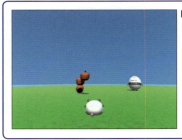

■移動&ショットができるPlayer
・上下ヤジルシで前後移動
・左右ヤジルシで左右旋回
・左クリックでリンゴショット

上の3つが上手にできたでしょうか？

第5章 ベース部分に挑戦

フィールドアクションのカメラ

●フィールドアクションのカメラを作る

「フィールドアクションのカメラ」
・Playerの背後から
　見続けようとするカメラ

　カメラに挑戦です。Playerの配後の映像をとらえつづけるプログラムです。

・Main CameraにあるCameraControlを開く

● CameraControl

```
    private GameObject player;                  // playerと連携用.

    void Start () {
        player = GameObject.Find ("Player");    // playerと連携.
    }

    void Update () {
        Vector3 pos = transform.position;       // 作業用変数(位置).
        Vector3 rot = transform.eulerAngles;    // 作業用変数(回転).
        rot.y = player.transform.eulerAngles.y;         // Y軸のみPlayerの向きを反映.

        // playerの後方少し上の位置に...
        pos = player.transform.position;
        pos += -player.transform.forward * 5.0f + Vector3.up * 1.5f;

        // 位置と角度が、徐々に指定位置に近づく.
        pos = Vector3.Lerp (transform.position, pos, 2.0f * Time.deltaTime);
```

```
        rot = Vector3.Lerp (transform.eulerAngles, rot, 1.0f *Time.deltaTime);
        transform.eulerAngles = rot;        // 実際に反映.
        transform.position = pos;           // 実際に反映.
        // Playerの少し上を注視する.
        transform.LookAt (player.transform.position +Vector3.up *2.0f);
    }
```

　Playerの背後の位置に徐々に近づいていくカメラのプログラムです。Vector3.Lerp()を使えば、今の値から次の値まで、じわじわとカメラを移動させることができます。プログラミングしたら、実行して、どうなるか見てみましょう。

> **Vector3.Lerp**(移動元，移動先，どの割合の位置か)

　これでキャラクター(Player)の動きと、射出アクション、キャラクターを追従して映し続けるカメラが出来ました。これをベースにすれば、色々なゲームが作れます。

　敵を次々と倒していくアクションゲームや、敵から逃げ続けるゲームや、のんびり時間をすごす生活ゲーム等など。

　あなたならどんなゲームにしますか？　本書の３Ｄモデルや２Ｄグラフィック、サウンドなどのサンプルデータを使って、どんどん改造して、好きなゲームを作ってみましょう！

第5章 ベース部分に挑戦

ベース② 横スクロールアクションのベース

「横スクロールアクション」
・右に進んでいくPlayer
・用意された地面
・ゴールとなるリンゴ

　2つ目は、ジャンプ操作のみで穴を飛び越えリンゴ（ゴール）を取ればクリアの横スクロールアクションゲームです。

　サンプルデータの中にある、サンプルプロジェクトを開いてみて下さい。フィールドやキャラクター、プログラムが用意してあります。

・「50_Base/52_RUN/Assets/GameScene」を開く

●ひととおり準備されたプロジェクト

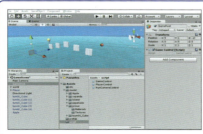

■RUNプロジェクト
・フィールド
・Player（PlayerControl）
・Apple
・GameRoot
　（GameControl）
・Main Camera
　（CameraControl）
が用意されている。

119

Playerには物理挙動(Rigidbody)と球体アタリ(Capsule Collider)がセットされています。今回横スクロールで奥行きは使わないので、「FreezePositon」にはの「z」のみチェックが入っています。

●奥手前への移動をしないように設定

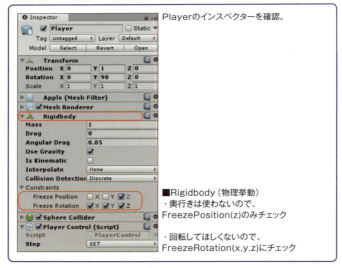

Playerのインスペクターを確認。

■Rigidbody（物理挙動）
・奥行きは使わないので、
FreezePosition(z)のみチェック

・回転してほしくないので、
FreezeRotation(x,y,z)にチェック

PlayerにあるPlayerControlをプログラムしてみましょう。
・Player（プリンス）が自動的に右に走り続け
・左クリックでジャンプ（2回まで可能）
・落下したらミスステップに

まずはMISSとCLEARステップを追加します。

第5章 ベース部分に挑戦

- **PlayerControl**
```
public enum STEP{           // 状況を管理するSTEP作成.
    NONE = -1,
    SET,
    PLAY,
    MISS,    // ミス.
    CLEAR    // クリア.
}
```

走るスピードと、ジャンプ回数管理のメンバ変数を用意。

- **PlayerControl**
```
private float speed = 3.0f;       // 走るスピード.
private int jump_count;           // ジャンプできる回数.
```

常に前に進む。ジャンプ可能ならジャンプし、落下したらミスになるプログラムを組みましょう。

- **PlayerControl**
```
    // (2)繰り返し実行.
    switch (step) {
    case STEP.PLAY:

        Vector3 pos = transform.position;       // 編集用位置.
        pos += transform.forward * speed * Time.deltaTime;     // speedで移動.
        transform.position = pos;               // 位置反映.

        // 左クリック時にジャンプ可能ならジャンプ.
        if (Input.GetMouseButtonDown (0)) {
            if (jump_count > 0) {         // ジャンプ回数があれば.
                jump_count--;             // ジャンプ回数が減る.
                GetComponent<Rigidbody> ().velocity = Vector3.zero;    // 物理挙動リセット.
                GetComponent<Rigidbody> ().AddForce (Vector3.up * 200.0f);
            }
        }

        // 落下したらミス.
        if (pos.y < -1.0f) {
            next_step = STEP.MISS;
        }
        break;
    }
```

地面に接触したらジャンプ回数が回復するようにしましょう。

● **PlayerControl**
```
void Updat(){
 // 略.
}


 // 範囲アタリとの接触時.
 void OnTriggerEnter(Collider col){
    if (col.name == "Apple") {        // Appleなら.
        Destroy (col.gameObject);     // Apple削除.
        next_step = STEP.CLEAR;            // CLEARステップに.
        GetComponent<Rigidbody> ().isKinematic = true;    // その場で固定.
    }
 }
```

ゲームを再生するとPlayerが右に走っていき、すぐに画面外に行ってしまいます。

●カメラ外に走り去っていく

ゲームを再生すると、Playerが画面外に行っちゃう。

Playerに追従するカメラのプログラムを作ってみましょう。
・Main CameraにあるCameraControlを開く

● CameraControl

```
    private GameObject player;         // player連用.
    private Vector3 base_pos;          // カメラの位置.

    void Start () {
        player = GameObject.Find ("Player");    // playerと連携.
        // playerとの位置を保存.
        base_pos = transform.position -player.transform.position;
        base_pos.y = transform.position.y;
    }

    void Update(){
    }

    // 全ての処理の最後に行うのでガクツキが減る.
    void LateUpdate () {
        Vector3 pos = player.transform.position; // playerの位置.
        pos += base_pos;         // から、playerとの位置を反映.
        pos.y = base_pos.y;      // 高さのみ初期と同じに.
        transform.position = pos;    // 位置反映.
    }
```

これでPlayerを常に真横に見る位置で追いかけてくれます。

●Playerを追いかけるカメラ

同じ位置で追いかけてくれるカメラ
・わかりやすいように
Y軸 (高さ) は反映しない。

ゴールとなるリンゴを取ったらその場で停止するプログラムを追記します。リンゴには範囲アタリが設置されているので、範囲アタリとの接触で動く関数をPlayerControlに追記して下さい。

● **PlayerControl**

```
    // 範囲アタリとの接触時.
    void OnTriggerEnter(Collider col){
        if (col.name == "Apple") {              // Appleなら.
            Destroy (col.gameObject);           // Apple削除.
            next_step = STEP.CLEAR;             // CLEARステップに.
            GetComponent<Rigidbody> ().isKinematic = true;   // その場で固定.
        }
    }
```

　プログラムしたら再生して確認してみましょう。うまくリンゴが取れたらその場でピタッと停止します。

●**リンゴを取るとクリアして停止**

ゴールのリンゴをとるとその場で停止!
クリア!!

　ミスとゴールが出来ました。最初から用意されている地面を増やしたり、距離を調整したり、走るスピードを調整したりするだけでも、ちゃんと遊べるゲームにできそうです。

　このベースのプロジェクトを元に、あなたならどんなゲームにしますか？　思いついたアイデアがあったら全体はを考えずに、まずは1つずつ試してしまいましょう。たくさん試して慣れるのが上達への近道ですし、次のアイデアに繋がるかもしれません。

ベース③ 宝箱からお宝がでるゲーム

「宝箱からフルーツが出る」
・左クリックでフルーツが出る
・フォルダの中からランダムで選出
・アタリが出ると画面が揺れる

3つ目は宝箱から、いくつかの種類のフルーツが飛び出すプロジェクトです。

・左クリックで宝箱からフルーツが飛び出す。

ように作ります。応用すれば、キャラクターや武器が飛び出したり、溜めたポイントで1回挑戦できたり、いろいろな宝箱が作れます。

・「50_Base/53_TRESURE/Assets/GameScene」を開く

こちらもフィールドやゲームオブジェクト、物理挙動の設定など準備が整っています。まずは宝箱のプログラムに挑戦です。

・TresureChestにあるPlayerControlを開く

特定のフォルダに入っているフルーツのプレハブを、メンバ変数（配列）に入れて飛び出させます。

● **PlayerControl**
```
    public GameObject[]    prefab_fruits;    // 出現するフルーツプレハブたち.

    void Start () {
        // Assets/Resources/fruitフォルダ以下のGameObjectを全て格納.
        prefab_fruits = Resources.LoadAll<GameObject> ("fruit/");
        next_step = STEP.SET;    // 最初はSETから.
    }
```

次はPLAYステップ、左クリックで関数を実行させましょう。

● **PlayerControl**
```
    // (2)繰り返し実行.
    switch (step) {
    case STEP.PLAY:

        if (Input.GetMouseButtonDown (0)) {
            createFruit ();
        }

        break;
    }
```

最後にフルーツを作り出す関数を作ります。

● **PlayerControl**
```
    private void createFruit(){
        int rnd = Random.Range (0, prefab_fruits.Length);    // 格納数内での乱数.
        GameObject go = Instantiate(prefab_fruits[ rnd]);    // 選ばれたフルーツ作る.
        go.transform.position = transform.position + Vector3.up; // 少し上の位置から.
        go.GetComponent<Rigidbody> ().AddForce (Vector3.up * 500.0f); // 射出.

    }
```

Unityの機能として、Assets以下に「Resources」という名前のフォルダを作ると、そこにあるデータをプログラムから参照することができます。今回はそのフォルダの下に「fruit」という名前でフォルダを作り、フルーツプレハブを入れてあります。

●Resourcesフォルダを作成

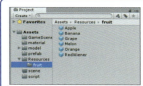

指定フォルダからデータを参照する
・「Assets」以下に「Resources」フォルダ作成
・「fruit」以下に、プレハブデータを置く

　どれも物理挙動(Rigidbody)と、形状アタリ(MeshCollider)が設定されたゲームオブジェクトです。ゲームを再生すると、左クリックで延々とフルーツが射出されるようになったでしょうか？

●クリックでフルーツが飛び出す

左クリックすると、Resources以下にあるフルーツが飛び出す!

画面を振動させたい！

アタリのリンゴが出る時だけ画面が振動

　次はドンッ！ と画面が揺れる表現に挑戦です。大当たりした時や、強い攻撃が加わった時、ゲームスタート時で迫力を出したい時なども使えます。

　Main CameraにあるCameraControlに、画面がドンッ！ と縦に揺れるプログラムをしてみましょう。

　・Main CameraにあるCameraControlを開く

　揺れ値を毎回反転させながら、値を小さくしていく事で激しい揺れが徐々に収まっていく表現にしています。

● CameraControl
```
    private float quake_y;        // 画面の揺れ.
    private Vector3 base_pos;     // 初期カメラ位置.

    void Start () {
        base_pos = transform.position;    // 初期カメラ位置を保存.
        // letsQuake ();
    }
```

```
    void Update () {
        quake_y *= -1.0f;      // 揺れ方向を反転.
        quake_y *= 0.9f;       // 少しずつ揺れが減る.
        Vector3 pos = base_pos;       // 初期位置から.
        pos.y += quake_y;             // 揺れを足し.
        transform.position = pos;     // 反映.
    }

    // 画面を揺らす関数.
    public void letsQuake(){
        quake_y = 0.3f;        // 揺れ値を入れる.
    }
```

このCameraControlで作った関数を、使いたいタイミングで呼び出すと、画面をドンッ！と揺らすことができます。

先ほどのPlayerControlのフルーツを作り出す関数の所に、さっそく追記してみましょう。

● PlayerControl

```
    private void createFruit(){
        // 略.

        if (rnd == 0) {
            GameObject camera = GameObject.Find ("Main Camera");        // MainCameraの.
            camera.GetComponent<CameraControl> ().letsQuake ();         // 揺れ関数実行.
        }
    }
```

ゲームを再生してフルーツを出してみましょう。リンゴの時だけ画面がドンッ！と揺れましたか？

著者完成版を遊んでみよう

　この３つのプロジェクトを元に、私が完成させた「著者完成版」も収録されています。それぞれプログラムにはコメントが書かれているので、プログラムに慣れてきたら中身を覗いてみるとヒントになるかもしれません。

・「70_Final」以下に３つのプロジェクト

「スワイプシャテキ」
コパンダをスワイプして、動く宝箱に当ててコインを増やそう!

「フルーツジャンプ」
障害物をジャンプで避けてフルーツを取っていこう!

「フルーツボックス」
好きな宝箱をあけて、アタリのフルーツをひきあてよう

ゲームのベース活用方法

　ゲームのベースとなるプロジェクトを3つ体験しました。それぞれ「こんな感じになると面白いかも？」といったひらめきがありましたか？

　次の章では、ゲームを彩る表現を紹介していきます。ベースとなるプロジェクトに、それらを追加していく事で、あなただけのゲームを作りに挑戦して下さい。

●次の章の好きな表現を取り入れよう

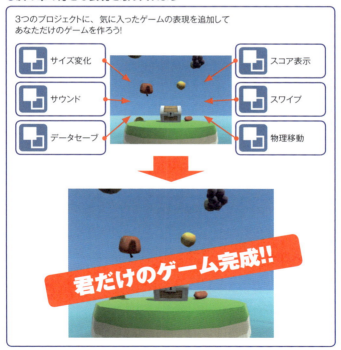

「とあるゲームプランナーのトホホ日記」(6)

　優秀なスタッフが集結する中、とんでもない大型新人がプロジェクトに配属されてくる――

　その新人を弟子と称して企画のノウハウを1から教えていくものの、新人の基礎能力や吸収力が高いこともあり、経験量しかない私の優位性がどんどん無くなってくる事に……

　残念ながらそのプロジェクトは中止。次の移植プロジェクトでは私が監督を務める中、1企画として助けてもらう事に。

　しかし、いつの間にか私がダメ出しをされ、泣きながら細かい修正をするハメに。私が培ってきた10年の経験の差が埋められてしまう！

　その後圧倒的な速度で成長した大型新人は私なんて足元にも及ばないような仕事っぷりで、今も現場の第一線で大活躍しています。

　その移植プロジェクトも全世界で配信する事ができ、おかげさまで今でも楽しんで頂けているという声を見かけます。

　その後、プロジェクトの立ち上げを立て続けに4つ行わせてもらい、ゲームの初告知までしたものの大人の事情で開発中止になったプロジェクトなど、それぞれ企画立ち上げ＆監督を勤めさせてもらった後、仕事がぱったりと途絶え、社内ニートに。

　しばらく社内ニートとしてふらふら穀潰しをしていると、本部長に呼び出され――

（つづく）

第6章
ゲームを彩る表現集

いくつかのお宝をみつけたプリンスたち。
欲しいものが入ってるかな？
宇宙最高のお宝は見つかるかな？

見つかったものは、普通なものばかり──
お宝なんて無かったのかな？

ゲーム作りに役立つTips

　ここからはゲームづくりに役立つTips（小ワザ）をひとつずつ紹介していきます。5章までで紹介したゲームに気に入ったものを取り入れたり、自分で作っているゲームに取り入れたりすれば、もっとゲーム作りが楽しめますよ！

　これまでの章と違い、順を追って学んでいく必要はありません！　自分が作りたいゲームで使えそうな見出しのページだけを読んで、取り入れていけばOKです！

●気になるTipsだけ取り入れよう

第6章 ゲームを彩る表現集

　この章でも、あとプログラムをするだけの状態でサンプルプロジェクトを用意しています。プログラミングする箇所にコメントが入っていますので、参考にして下さい。

●本章の学び方

プログラミングに集中できるようにアセットデータのインポートや設定、配置などはすべて済ませてあります。

参考としてプログラミングする箇所にコメントが記述されています。

再度になりますが「/*」〜「*/」の間はコメントアウトされており、プログラムとしては機能しません。一対の「/*」「*/」を削除する事でプログラムとして機能しはじめます。
　それぞれ難しくはないので、気負わずに見つけたTips（宝箱）をひとずつ開けていって下さいね。

Tips ① キーボードとマウスからの入力

キーボードとマウスからの入力方法を覚えましょう。キーボードからの入力はInput.Getkey()関数を使います。

- 「60_TIPS/61_INPUT/Assets/GameScene」を開く
- GameRootにあるInputControlを開く

● **InputControl**
```
// キーボードのAキーが押された時.
if(Input.GetKeyDown(KeyCode.A)){
    Debug.Log("Aキー");
}
```

キーが押された瞬間や、キーが離された瞬間も判定できます。以下の例も試してみて下さい。

●キーボードからの入力

■判定するタイミング

押した瞬間	Input.GetKeyDown(KeyCode.A);
押してる間	Input.GetKey (KeyCode.A);
離した瞬間	Input.GetKeyUp (KeyCode.A);

■判定するキー入力

Aキーを押した瞬間	Input.GetKeyDown(KeyCode.A);
Spaceキーを押した瞬間	Input.GetKeyDown(KeyCode.Space);
↑キーを押した瞬間	Input.GetKeyDown(KeyCode.UpArrow);

マウスからのボタン入力は、Input.GetMouseButton()関数を使います。

> **● InputControl**
> ```
> // マウスの左クリックが押されている間.
> if(Input.GetMouseButtonDown(0)){
>     Debug.Log("左クリック");
> }
> ```

キーボードと同じように、ボタンが押された瞬間、ボタンが離された瞬間も判定できます。以下の例を試してみて下さい。

●マウスからの入力

■判定するタイミング

押した瞬間	Input.GetMouseButton**Down**(0);
押してる間	Input.GetMouseButton (0);
離した瞬間	Input.GetKeyButton**Up** (0);

■判定するキー入力

左クリックした瞬間	Input.GetMouseButtonDown(**0**);
右クリックした瞬間	Input.GetMouseButtonDown(**1**);
ホイールをクリックした瞬間	Input.GetMouseButtonDown(**2**);

それぞれconsoleに入力したものが表示されたら成功です。

Tips ② マウスの位置を知りたい

　画面上のマウスの座標を知る事ができ、その座標を元に３Ｄ空間のどこを指し示しているか、画面のどのぐらいの割合にカーソル位置があるかを知ることができます。

　Input.mousePosition()関数を使えば、表示されている画面の左下を(X:0, Y:0, Z:0)とした時のマウスカーソルの位置を知ることができます。

●カーソルの画面上での位置を取得

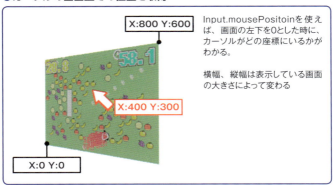

Input.mousePositoinを使えば、画面の左下を0とした時に、カーソルがどの座標にいるかがわかる。

横幅、縦幅は表示している画面の大きさによって変わる

　カーソルの位置を元に「シーン上の位置」と、「画面上のどの割合の位置」にあるのかを知ることができます。

● InputControl

```
// 画面上のマウスの位置を、ワールドの位置座標に変換．
Vector3 mouse_pos = Input.mousePosition;
mouse_pos.z = 10.0f;     // z(奥方向への長さを0→10に)．
Vector3 mouse_w_pos = Camera.main.ScreenToWorldPoint (mouse_pos);
Debug.Log (mouse_w_pos);
```

```
// 画面上のマウス位置を、表示画面のどの位置にあるかを0.0f-1.0fで取得.
// 表示画面の左下が(0,0)、右上が(1,1).
Vector3 mouse_v_pos = Camera.main.ScreenToViewportPoint (Input.mousePosition);
Debug.Log (mouse_v_pos);
```

ScreenToWorldPoint()はシーン上の位置を取得できます。
ScreenToViewPoint()は画面の位置を取得できます。

●カーソル位置から3D座標、2D画面の割合を取得

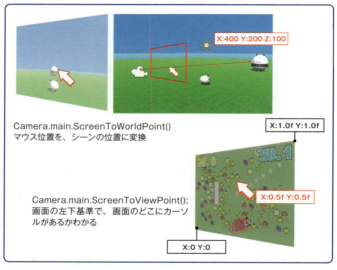

シーン上の位置が取得できれば、その位置キャラをに移動させたり、アイテムを置いたりもできます。

画面の割合で位置が取得できれば、画面の左側・右側でタッチされたかを判定して、キャラクターの左右旋回などを作ることもできますよ。

第6章 ゲームを彩る表現集

Tips③ かんたんなスワイプ

スマホのゲームでよくある、タッチした後にシュッと指を動かすスワイプを、シンプルに表現したプログラムに挑戦です。サンプルプロジェクトも用意してあります。

・「60_TIPS/61_INPUT/Assets/GameScene」を開く
・GameRootにあるInputControlを開く

マウスの左ボタンをクリックしながらシュッと移動させた時の動きを見て、スワイプされたかどうか、スワイプがどの方向にどの大きさでされたかを判定する関数を作ります。

● InputControl
```csharp
    void Update () {
// 略.
        // スワイプ(左ボタンを押しながらしゅっ).
        Vector3 str = swipe ();          // swipe関数の値を取得.
        if (str != Vector3.zero) {       // swipeされていたら(ゼロでなければ).
            Debug.Log(str);
        }
    }


    // スワイプ用変数.
    private     Vector3 prev_mouse_pos;        // 前回のマウス位置を覚えておく変数.
    private bool     flag_swipe;               // スワイプしたかどうかフラグ.

    // スワイプ関数(Vector3変数の値を戻す).
    private Vector3 swipe(){
        Vector3 ret = Vector3.zero;            // 戻り値用変数.
        Vector3 mouse_pos = Input.mousePosition;   // 今のマウスの位置を取得.
        if(Input.GetMouseButtonDown(0)){       // 右クリック時.
            prev_mouse_pos = mouse_pos;        // 前回のマウス位置リセット.
            flag_swipe = true;                 // スワイプ開始フラグをtrueに.
        }
        if(Input.GetMouseButton(0)){           // 右クリック中.
            Vector3 vec = mouse_pos -prev_mouse_pos;   // 前回と今の差を作成.
```

```
            do {
                if(! flag_swipe)break;      // スワイプフラグがfalseだと中断.
                    // magnitudeで大きさを測り、30.0f以下の大きさなら中断.
                if(vec.magnitude < 30.0f) break;
                    ret = vec;              // 戻り値に差分を設定.
                    flag_swipe = false;     // スワイプし終えたのでフラグをfalseに.
            } while(false);
        }
        prev_mouse_pos = mouse_pos;         // 次回のためにマウス位置を記憶.
        return ret;     // 戻り値をお返事.
    }
```

　クリックしながらシュッと動かすとConsoleにVector3の値が表示されるプログラムです。Consoleに数字が表示されたら成功です。スワイプした方向にスワイプした強さでキャラクターを飛ばしたり、ページスクロールなど、色々な使い方ができます。

　今回は「戻り値」というものを使っています。これまでの関数では「void」と書いていた所が「Vector3」と書かれています。これは戻り値といって、関数が実行された時に、実行を命令したプログラムに値を教えてあげる仕組みです。今回は「Vector3」なのでその変数を、関数内の最後に「return」で教えてあげなければエラーが出てしまいます。

　プログラムしたら、ゲームを再生して、左ボタンを押しながらシュッとカーソルを動かしてみましょう。consoleにVector3のカタチで数値が表示されます。

● 例

```
void Update(){
  Vector3 vec = swipe();    // swipeからVector3変数を受け取る.
  Debug.Log(vec);           // 受け取った値を表示.
}

    private Vector3 swipe(){
        Vector3 ret = Vector3.zero;                         // 戻り値用変数.
        return ret;     // 戻り値をお返事.
    }
```

第6章 ゲームを彩る表現集

Tips④ スプライト（2D絵）を動かしたい

●スプライトの移動、回転、拡大縮小

移動　　　　　　　回転　　　　　　拡大縮小

シーン上に配置するスプライト(2D絵)を扱ってみましょう。

・「60_TIPS/62_SPRITE/Assets/GameScene」を開く
・PlayerにあるSpriteControlを開く

● SpriteControl
```
        // 移動／回転／拡縮.
    if (Input.GetMouseButtonDown (0)) {
        Vector3 pos = transform.position;      // 編集用位置.
        Vector3 rot = transform.eulerAngles;   // 編集用角度.
        Vector3 scl = transform.localScale;    // 編集用サイズ.

        pos.x += 32.0f * Time.deltaTime;      // x軸移動.
        rot.z += 640.0f * Time.deltaTime;     // z軸回転.
        scl.y += 32.0f * Time.deltaTime;      // y軸拡大.

        transform.position = pos;         // 位置反映.
        transform.eulerAngles = rot;      // 角度反映.
        transform.localScale = scl;       // サイズ反映.
    }
```

これまでもやってきたように、編集用の変数を用意し、そこに現状の値を入れて変更、最後に反映させると扱いやすいです。

ゲームを再生し右クリックするたびに、移動、回転、拡大していくようになっています。

軸を変えたり、値を変えたり実験してみると良いでしょう。

Vector3という変数のカタチにはx,y,zの3軸あり、それぞれを変更する事もできますが、Vector3.rightなど用意された値で変更することもできます。1行書き換えてみましょう。

● SpriteControl
```
        //pos.x += 32.0f * Time.deltaTime;        // x軸移動.
        pos += Vector3.right *32.0f *Time.deltaTime;  // 右方向に移動.
```

結果は同じになりましたか？ 他にもVector3.up（上方向）やVector3.foward（奥方向）などがあるので、活用してみて下さい。

また、キャラクターの向いている角度基準での値を使うこともできます。先ほどの行をさらに書き換えて、試してみて下さい。

● SpriteControl
```
        //pos.x += 32.0f * Time.deltaTime;        // x軸移動.
        //pos += Vector3.right *32.0f *Time.deltaTime;  // 右方向に移動.
        pos += transform.right *32.0f *Time.deltaTime;  // 絵の右方向に移動.
```

回転した絵が、絵としての右方向に移動しようとします。そのため画面の右側に移動するのではなく、円を描くような動きになっているはずです。

Tips⑤ 絵を変更したい／色や透明度を変えたい

●絵の変更、色替え、透明度

絵の変更　　　　色を変える　　　透明度を変える

　絵を変えたり、色を変えたりするには「SpriteRenderer」という機能の値を変更します。
　1)絵の変更、2)色の変更、3)透明度の変更、4)絵の反転、5)非表示についてコメントを読みながら、追記していって下さい。それぞれ対応するボタンやキーを押せばその効果が試せます。

● SpriteControl

```
public Sprite image2;    // Unityエディタ用で絵を設定.

void Update () {

    // 略.

    // 絵を変更(右クリック).
    if (Input.GetMouseButtonDown (1)) {
        GetComponent<SpriteRenderer> ().sprite = image2;
    }

    // 絵の色を変える(Returnキー).
    if (Input.GetKeyDown (KeyCode.Return)) {
        Color col = GetComponent<SpriteRenderer> ().color;
        col = Color.red;    // 赤色に.
        GetComponent<SpriteRenderer> ().color = col;
    }

    // 絵を透明に(スペースキー).
    if (Input.GetKeyDown (KeyCode.Space)) {
        Color col = GetComponent<SpriteRenderer> ().color;
```

```csharp
            col.a -= 0.1f;    // 押すたびに薄く.
            GetComponent<SpriteRenderer> ().color = col;
        }

        // 絵を反転(→キー).
        if (Input.GetKeyDown (KeyCode.RightArrow)) {
            GetComponent<SpriteRenderer> ().flipX = true;    // 左右反転.
        }
        if (Input.GetKeyDown (KeyCode.DownArrow)) {
            GetComponent<SpriteRenderer> ().flipY = true;    // 上下反転.
        }


        // 非表示に(Deleteキー).
        if (Input.GetKeyDown (KeyCode.Delete)) {
            GetComponent<SpriteRenderer> ().enabled = false;    // 非表示.
        }
```

・PlayerのPlayerControl>SpriteControl>image2に
Assets以下appleを設定

再生して指定したそれぞれの入力で効果を試して下さい。

次は指定方向を向くプログラムにも挑戦です。ややこしいQuaternionはオマジナイです。追記して試してみて下さい。

● SpriteControl

```csharp
// 右ボタンで、カーソルの方向を向く.
if (Input.GetMouseButton (1)) {
    Vector3 mouse_pos = Camera.main.ScreenToWorldPoint (Input.mousePosition);
    mouse_pos.z = 0;  // 奥行き情報を消す.
    // カーソルとの位置の差を出し.
    Vector3 lookat_angle = mouse_pos - transform.position;
    // その差を回転に変換オマジナイ.
    transform.rotation = Quaternion.FromToRotation (Vector3.right, lookat_angle);
}
```

Tips⑥ UI(テキスト,画像,ボタン)を表示したい

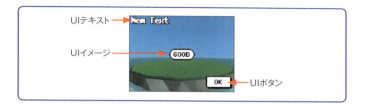

ゲーム中のカメラに影響されず、画面最前面に表示されるテキストや画像をUI(ユーアイ＝ユーザーインターフェース)と呼びます。UnityにはそのUIをまとめて扱ってくれる「uGUI」という機能が実装されています。

・「60_TIPS/63_UI/Assets/GameScene」を開く

すでにこの節での完成版が用意されていますが、自分の手で学ぶ場合はヒエラルキー上にあるCanvasを削除して下さい。

かんたんなので、UIテキスト、UIイメージ、UIボタン、一気に3つ作ってしまいましょう。

●UIテキスト、UIイメージ、UIボタンを作る

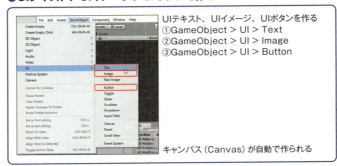

キャンバス（Canvas）という透明な板の上に、UIテキスト、UIイメージ、UIボタンというゲームオブジェクトが作られました。

各UIの表示位置は「RectTransform」で設定できます。画面のどこを基準にするかという「アンカー」、画像としての中心点を定める「ピボット」を設定することができます。

●アンカーとピボットを知る

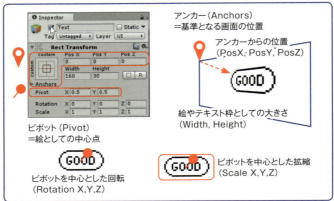

Inspectorのアンカーの枠を押すと、アンカーを設定する表示になります。HPなどの表示物なら左上、決定などのボタンなら右下に設定すると良いでしょう。

●アンカー設定ウインドウでアンカー位置を設定

①クリックして設定ウインドウを表示
②アンカーを設定

スマートフォンやタブレット毎に、画面の縦横サイズは様々です。設定無し（画面中央）のままUIを作ってしまうと、画面からはみ出して表示される事があるので、表示位置を決める前に、必ずアンカーを設定するようにしましょう。

UIテキストを選択して、ちゃんと表示されるように設定してみましょう。

●UIテキストの各種設定

以下の設定をして下さい。
・FontSize を 90
・HorizontalOverflow と VerticalOverflow を Overflow に

　Horizontal/Vertical Overflow はどちらも Overflow（はみ出してOK）にするのがオススメです。特に意図しないときはこの設定にすると良いでしょう。
　UIテキストにはフチとカゲを付けることが出来ます。それぞれ Menu>Component に用意されているので追加するだけで設定できます。

●UIテキストに影とフチを付ける

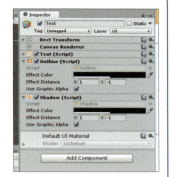

フチとカゲを付けたいUIテキストを選択
①Component > UI > Effects > Shadow
②Component > UI > Effects > Outline

EffectColor
　フチとカゲの色
EffectDistance
　フチとカゲの太さサイズ

「フチ」と「カゲ」効果は初期値の1だと気づきづらいので、
・効果を4にする
・色を変更し、半透明(50%)から不透明(100%)にする
などの調整で見やすくなるでしょう。

●見やすくなったUIテキスト

Tips⑦ UIテキストをプログラムで変更したい

UIテキストをプログラムで書き換えるには、冒頭でオマジナイが必要になります。

・GameRootにあるUITextControlを開く

● **UITextControl**
```
using UnityEngine;
using UnityEngine.UI;          // uGUIを使うオマジナイ.
```

● **UITextControl**
```
    public Text    text_score;      // Unityエディターで変更したい物を設定.

    void Update(){
        if(Input.GetMouseButtonDown(0)){
            text_score.text = "SCORE";        // Textを変更.
            text_score.color = Color.red;     // 色を変更.
            text_score.fontSize = 128;        // 文字サイズを変更.
        }
    }
```

・GameRootのUITextConrol＞Textに
 Canvas>Textをドラッグアンドドロップ

●**プログラムからUIテキストを変化させる**

第6章 ゲームを彩る表現集

Tips⑧ UIイメージの画像を表示

UIイメージ（ボタン）の画像表示はちょっとクセがあり、ひと手間かかります。インポートしてきた画像を設定するだけではダメで、表示サイズを画像の縦横サイズと同じにしてあげる必要があります。

●UIイメージのサイズを整える

ヒエラルキーのImageを選択
①SourceImageに、Assetsにある
画像データ（Good）をドラッグ&ドロップ

②一番下のウインドウImageに表示されている
ImageSizeを……

③RectTransform の Width/Heightに設定
これで画像と同じサイズで表示できます。

UIイメージをプログラムで変更するためには、UIテキスト同様冒頭でのオマジナイが必要になります。

・GameRootにあるUIImageControlを開く

● **UIImageControl**
```
using UnityEngine;
using UnityEngine.UI;              // UI系を操作するオマジナイ.
```

● **UIImageControl**
```
    public Image    image;          // Unityエディター上で設定.
    public Sprite   sprite1;        // 変更後の絵。Unityエディター上で設定.
    void Update () {
        if(Input.GetMouseButtonDown(1)){
            image.sprite = sprite1;     // 絵を変更.
            image.color = Color.green;  // 色を変更.
            image.rectTransform.localScale = new Vector3(1.4f, 1.2f, 1);    // 拡縮.
            image.rectTransform.eulerAngles = new Vector3(0,0, 22);         // 回転.
            image.rectTransform.position = new Vector3 (100,200,0);         // 位置.
            image.enabled = true;       // ここをfalseにすると非表示.
        }
    }
```

　プログラムを組み終えたら変更したいUIイメージをimageに、変更したい絵をsprite1に設定しましょう。

・GameRootのUIImageControl>image枠に
　ヒエラルキーのCanvas/imageを設定（変更するイメージ）
・GameRootのUIImageControl>sprite1枠に
　Assets/image/greatを設定（変更後のスプライト）

第6章 ゲームを彩る表現集

● 絵や位置や回転が変化

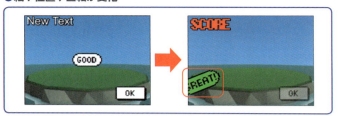

おまけコラム③

　長い間ゲームを楽しんでもらう方法として、小さな目標と小さな成功を積み重ねていくというものがあります。少しずつレベルを上げて小ボスを倒して先に進むのもそうですし、ハイスコアやランキングなども、目標となる「自分の結果よりも少し上」を明示することで、面白さを感じ続ける事ができます。

　これはゲームに限った事ではなく、現実でもうまく使うことで楽しく目標に挑むことができます。マラソンも最初からフルマラソンだけを目標にすると無理そうですが、10分走る、5キロ走るなど、自分より少し上を目標として伸ばしていく事で、いつかフルマラソンの完走も叶えられます（私がそうでした）。

　勉強や仕事でも、大きな目標を掲げ、それらにたどり着くための小さな目標と成功を用意すると、いつか大きな目標を達成することができるかもしれません。さらにそれぞれ細かく制限時間と報酬があると面白いですよ！（この本も、少しずつの目標と甘いものでなんとか最後まで書きました！）

　ゲーム作りも、最初から壮大なゲームに挑むのではなく、小さな積み重ねを目標とすることで、楽しく成長することができるでしょう！

Tips⑨ UIボタン

Button(Script)には、押された時に実行する関数を設定することができます。まずは実行する関数を作りましょう。

・GameRootにあるUIButtonControlを開く

● UIButtonControl
```
// ボタンが押された時に実行する関数.
public void clickOkButton(){
    Debug.Log ("OK");
}
```

準備ができたら、UIボタンにある、Button(Script)でこの関数を動かすように設定してみましょう。

●Buttonで動く関数を指定

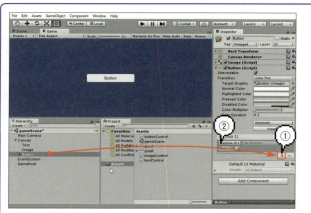

UIボタンを選択
①OnClick()の「+」を選択
②動かしたい関数を持つゲームオブジェクト（今回はButton）をドラッグ&ドロップ

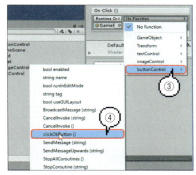

ドラッグ&ドロップしたゲームオブジェクトの機能一覧が出るので、
③関数のある機能を選択
（今回はUIButtonControl）
④先ほど作った関数を選択
（今回はclickOkButton）

準備ができたら実行して、ボタンを押してみましょう。Consoleウインドウに「OK」と表示されたら成功です。

UIボタンは、Button(Script)がある他は、UI画像と同じなので、Image(Script)で画像を設定したり、RectTransformでサイズを変更したりすることもできます。

UIボタンの初期設定にあるTextは、UIテキストと同じものです。これは削除してもOKです。

Tips⑩ 画面サイズを固定したい

uGUIの初期設定では、画面サイズが変わった時に意図通りの表示にならず、スマホ向けの画面サイズで作ると、大き目のタブレットでは小さく表示されてしまいます。

●表示サイズによって意図しない表示になることも

■初期設定で、表示サイズを小さくすると、左のような画面になることも。

■どんな画面サイズ／比率でも右図のように表示してほしい

キャンバスの設定を見直すと、これを回避できます。

●表示サイズを設定する

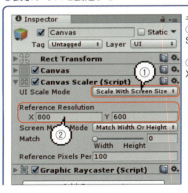

キャンバスを選択
①UI Scale Modeを
ScaleWithScreenSizeに

②ReferanceResolutionを設定
X:800、Y:600に

第6章 ゲームを彩る表現集

表示している画面のサイズが変わってもUI系の表示が、同じ比率で表示される。

　実行して、Gameウインドウを大きくしたり小さくしたりしてみましょう。画面サイズに比例してUI画像が変化したでしょうか。これで、大きなタブレットでも、横長の画面でも、イメージ通りの大きさで表示させる事ができます。

●小休止

● Tips⑪ SE/BGMを鳴らしたい

　SEとBGMを扱ってみましょう。サンプルプロジェクトを開いて下さい。

・「60_TIPS/64_SOUND/Assets/GameScene」を開く

　サウンドデータがAssets以下に入っており、GameRootには、SeControl、BGMControl、SoundControlのプログラムが準備されています。
　「AudioSource」というCDプレイヤーに、「AudioClip」というCD（音データ）をセットして鳴らすようなイメージです。

・GameRootにあるSeControlを開く

● SeControl

```
private AudioSource    audio_source;      // 音声再生装置.
public  AudioClip      audio_clip;        // 再生する音声.

void Start () {
    audio_source = gameObject.AddComponent<AudioSource> (); // 装置を作成.
    audio_source.clip = audio_clip;    // 音声を装置にセット.
    audio_source.pitch = 1.0f;         // 再生の早さ.
    audio_source.Play();    // 再生.
}
```

・GameRootのSeControl＞audio_clip枠に、
　Assets/Resouces/se/se_coinを設定

　ゲームを再生してみましょう。SEが鳴ったでしょうか。
　ボイスデータも同じ方法で鳴らす事ができます。再生の速さ

第6章 ゲームを彩る表現集

（pitch）の値を1.0fから変更してみるのも面白いですよ。

次はBGMに挑戦です。「ループ設定」や「ボリューム」、「再生・停止」を覚えましょう。

・GameRootにあるBGMControlを開く

● **BGMControl**

```
private AudioSource   bgm_source;        // 音声再生装置.
public  AudioClip     bgm_clip;          // 再生する音声.

void Start () {
    bgm_source = gameObject.AddComponent<AudioSource> (); // 装置を作成.
    bgm_source.clip = bgm_clip;    // 音声を装置にセット.
    bgm_source.loop =true;         // ループ設定.
    bgm_source.volume = 0.9f;      // 音量調整.
    bgm_source.Play();             // 再生.
}

void Update(){
    if (Input.GetMouseButtonDown (0)) {  // 左クリックで.
        bgm_source.Stop ();              // 停止.
    }
}
```

・GameRootのBGMControl>bgm_sourceの枠に
  Resources/bgm/bgm1を設定

ゲームの再生でBGMが流れ出し、左クリックで止まります。ボリュームを徐々に減らしていけばフェードアウトさせる事もできます。

Tips⑫ 便利なサウンド担当

SEとBGMをそれぞれ個別に設定・管理するのは大変です。SEやBGMをまとめて引き受けてくれるSoundControlスクリプトを作ってみましょう。

・SoundRootにあるSoundControlを開く

SoundControl

```csharp
    private AudioClip[] audio_clip;           // SEデータ.
    private AudioClip[] bgm_clip;             // BGMデータ.
    private AudioSource[] audio_source;       // SE再生機器.
    private int channel_no;                   // 再生させるチャンネル番号.
    private int channel_max =4;               // 同時再生チャンネル数.
    private AudioSource bgm_source;           // BGM再生機器.

    void Start () {
        // 再生機器をチャンネル分作成.
        audio_source = new AudioSource[ channel_max];
        for (int i = 0; i < audio_source.Length; i++) {
            audio_source [i] = gameObject.AddComponent<AudioSource> ();
        }
        // BGM用再生機器作成.
        bgm_source = gameObject.AddComponent<AudioSource>();
        bgm_source.loop = true;
        bgm_source.volume = 0.3f;
    }

    // se再生関数.
    public void playSe(string str){
        channel_no++;    // 鳴らすチャンネルを変更(チャンネル数でリピート).
        channel_no = (int)Mathf.Repeat (channel_no, channel_max);
        audio_source [channel_no].clip = Resources.Load<AudioClip> ("se/" + str);
        audio_source [channel_no].Play ();    // 音声を再生.
    }

    // bgm再生関数.
    public void playBgm(string str){
        bgm_source.clip = Resources.Load<AudioClip> ("bgm/" + str);
        bgm_source.Play ();    // 再生.
    }

    // bgm停止関数.
    public void stopBgm(){
        bgm_source.Stop ();    // 停止.
    }
```

第6章 ゲームを彩る表現集

　ここで作った関数を呼び出せば、Resouces以下にあるSEやBGMにあるデータを指定して、他のプログラムから鳴らすことができます。実際にやってみましょう。

・GameRootにあるGameControlを開く

● GameControl
```
    if (Input.GetMouseButtonDown (1)) {
        GameObject sound_root = GameObject.Find ("SoundRoot");
        SoundControl sound_control = sound_root.GetComponent<SoundControl> ();
        sound_control.playSe ("se_coin_get");
        sound_control.playBgm ("bgm_rpg_inst");
        // sound_control.stopBgm ();    // bgm停止.
    }
```

　右クリックでResouces以下にあるSEやBGMが再生されたでしょうか。

　複数のプログラムから、1つのサウンド担当にお願いできるので、同時・簡単にサウンドを扱えます。

Tips⑬ 物理挙動（Rigidbody）を扱いたい

　Unityの特徴の1つである物理挙動：Rigidbody（リジッドボディ）を扱ってみましょう。この機能を設定するだけで、複雑な計算なしに、モノ同士が当たったり、重力で落ちたりする挙動を再現することができます。素敵ですね！

・「60_TIPS/65_RIGIDBODY/Assets/GameScene」を開く

リンゴをシーンに置き、Rigidbodyを設定してみましょう。

●リンゴを配置

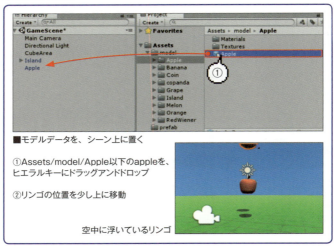

■モデルデータを、シーン上に置く

①Assets/model/Apple以下のappleを、ヒエラルキーにドラッグアンドドロップ

②リンゴの位置を少し上に移動

空中に浮いているリンゴ

　物理挙動がないためリンゴは空中に静止しています。物理挙動（Rigidbody）と、物理アタリ（Collider）を付けてみましょう。

●リンゴに物理挙動と物理アタリを設定

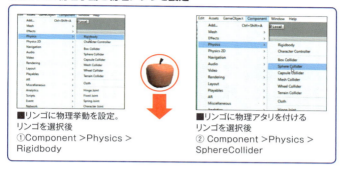

■リンゴに物理挙動を設定。
リンゴを選択後
①Component > Physics > Rigidbody

■リンゴに物理アタリを付ける
リンゴを選択後
② Component > Physics > SphereCollider

　これでゲームを再生するとリンゴは重力で落下し、地面で着地します。Rigidbodyで出来る設定を確認しておきましょう。

●Rigidbodyで設定できる項目

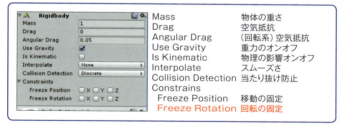

Mass　　　　　　　　物体の重さ
Drag　　　　　　　　空気抵抗
Angular Drag　　　　（回転系）空気抵抗
Use Gravity　　　　　重力のオンオフ
Is Kinematic　　　　　物理の影響オンオフ
Interpolate　　　　　スムーズさ
Collision Detection　当たり抜け防止
Constrains
　Freeze Position　　移動の固定
　Freeze Rotation　　回転の固定

　FreezeRotationのXYZすべてにチェックを付ける事で、プログラム以外の回転を受け付けなくなるため、常に直立します。Playerなどのキャラクター表現に使えます。

Tips⑭ プログラムで物理挙動を操る／物理判定を見る

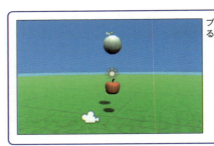

プログラムから物理挙動を与える。物理挙動をリセットする。

　物理挙動をつけたオブジェクトに、プログラムで物理的なチカラや回転を加えたり、逆に移動や回転をリセットしたりする方法を試してみましょう。

・AppleにあるRigidbodyControlを開く

● RigidbodyControl

```
    if (Input.GetMouseButtonDown (0)) {         // 左クリック.
        // 上横行へチカラを加える.
        GetComponent<Rigidbody> ().AddForce (Vector3.up * 200.0f);
    }
    if (Input.GetMouseButtonDown (1)) {         // 右クリック.
        // 回転を加える.
        GetComponent<Rigidbody> ().AddTorque (transform.up * 300.0f);
    }
    if (Input.GetKeyDown (KeyCode.Delete)) {    // deleteキー.
        // 移動や回転をリセット.
        GetComponent<Rigidbody> ().velocity = Vector3.zero;
        GetComponent<Rigidbody> ().angularVelocity = Vector3.zero;
    }
```

　左クリックや右クリックを連打したり、deleteを押してどういう挙動になるか試してみましょう。

物理挙動（Rigidbody）で他のオブジェクトにヒットしたかどうかを、プログラムで知る事ができます。ヒットした瞬間にダメージが入ったり、点数を加えたりしたい時に使えます。

次のOnCollisionEnter()などの関数は、Start()やUpdate()のようにUnityの基本機能パックに用意されている関数です。

● **RigidbodyControl**
```
// 物理アタリが当たった時のみ処理する．
private void OnCollisionEnter(Collision col){
    Debug.Log ("enter = " +col.gameObject.name);
}

// 物理アタリが当たっている時ずっと処理する．
private void OnCollisionStay(Collision col){
    Debug.Log ("stay = " +col.gameObject.name);
}

// 物理アタリが離れた時に処理する．
private void OnCollisionExit(Collision col){
    Debug.Log ("exit = " + col.gameObject.name);
}
```

リンゴにヒットした時、ヒットしている最中、ヒットが離れた時の3種類を検知できます。物理アタリ（Collision）から、ヒットしたゲームオブジェクトを知ることができるので、そのアイテムを消したり、移動させたりすることもできます。

●**物理アタリとのヒット判定**

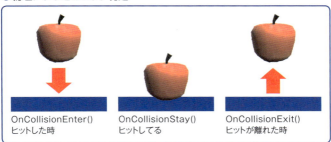

Tips⑮ 範囲アタリと、プログラムでの判定

物理アタリ（Collision）の設定で「Is Trigger」をONにすると、物理アタリでなくなり、「範囲アタリ」に変化します。これは、物理的な衝突が無いかわりに、その範囲に入っているかどうかを判定することができます。回復エリアや、フィールドの切替エリアなどに使えそうです。

サンプルプロジェクトに見えないエリアCubeAreaを置いているので、これとリンゴ接触したかどうかを判定してみましょう。

●範囲アタリを確認

①見えないゲームオブジェクト CubeArea

②BoxColliderのIsTriggerがチェックされているので、物理アタリの無い、範囲アタリ。

RigidbodyControlに追記して下さい。次のOnTriggerEnter()などの引数（かっこの中に入る情報）は、Collisionではなく、Colliderと書くので気をつけて下さい。

第6章 ゲームを彩る表現集

● RigidbodyControl

```
// 範囲アタリが当たった時のみ処理する.
private void OnTriggerEnter(Collider col){
    Debug.Log ("enter = " +col.name);
}

// 範囲アタリが当たっている間ずっと処理する.
private void OnTriggerStay(Collider col){
    Debug.Log ("stay = " +col.name);
}

// 範囲アタリが離れた時に処理する.
private void OnTriggerExit(Collider col){
    Debug.Log ("exit = "+ col.name);
}
```

●範囲アタリとのヒット判定

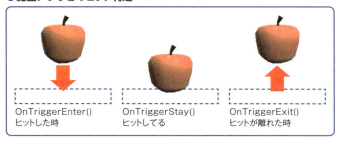

リンゴにヒットした状況にあわせてconsoleに状況＝オブジェクトの名前が表示されたのを確認してください。

（consoleをダブルクリックすることで、consoleウインドウを表示することができます。）

Tips ⑯ タグによるアタリの判別

ヒットしたゲームオブジェクトを名前で判断するのではなく、タグ単位で判定する事もできます。回復アイテム、スコアアイテムなど複数のゲームオブジェクトを「Item」という1つのタグにしておくと便利です。

●タグを作成

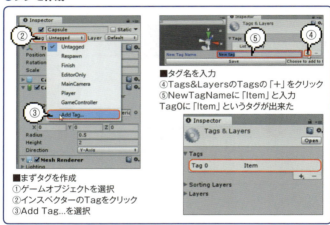

■まずタグを作成
①ゲームオブジェクトを選択
②インスペクターのTagをクリック
③Add Tag...を選択

■タグ名を入力
④Tags&LayersのTagsの「+」をクリック
⑤NewTagNameに「Item」と入力
Tag0に「Item」というタグが出来た

タグが出来ました。今度はTIPS⑮で使ったCubeAreaにこの「Item」タグを設定してみましょう。

●タグを設定

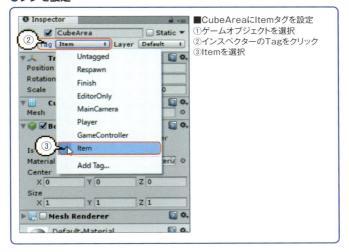

■CubeAreaにItemタグを設定
①ゲームオブジェクトを選択
②インスペクターのTagをクリック
③Itemを選択

これでCubeAreaにタグを設定することが出来ました。タグは複数のゲームオブジェクトで設定することができます。

プログラムでは以下のように扱います。OnCollisionEnter()などでヒットした時に、ヒットしてゲームオブジェクトのタグを調べる事で、どんな種類かを判別できます。

● RigidbodyControl
```
// 範囲アタリが当たっている間ずっと処理する.
private void OnTriggerStay(Collider col){
    Debug.Log ("stay = " +col.name);
    if (col.tag == "Item") {
        Debug.Log ("itemタグとヒット中");
    }
}
```

Consoleに指定したテキストが表示されたら成功です。

Tips⑰ 2Dの物理挙動（Rigidbody2D）

Unityでは、3Dと、２D用の物理挙動「Rigidbody2D」は異なります。Rigidbody2Dは主にスプライト（一枚絵）を動かすゲームで使われ、奥行き（Z軸）が判定されません。

2Dのゲームを作るぞ！　と決まっていたら、プロジェクトを作る所から２Dで作りましょう（プロジェクトの作成は紹介のみ。今は実践しなくて大丈夫です）

●2Dプロジェクトの作成（紹介のみ）

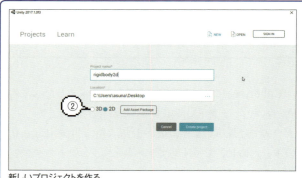

新しいプロジェクトを作る
①File > New Project（もしくはUnityエディター起動しなおし）

2Dモードでプロジェクトを作成
② 2Dにチェックをして「CreateProject」

Unityエディターの表示方法が「2D」に。
MainCameraの設定も2Dに特化した設定になっている

第6章 ゲームを彩る表現集

サンプルプロジェクトも用意されています。

・「60_TIPS/66_RIGIDBODY2D/Assets/GameScene」を開く

地面「ground」にはすでにRigidbody2D、BoxCollider2Dが設定されており、BoxCollider2Dの中の設定が「Kinematic」になっているのでその場に固定され、動きません。

地面（ground）は、
・Rigidbody2Dと、BoxCollider2D
・Kinematic（その場固定）設定

範囲アタリ（cube_area）も用意されている

空中に浮いているウインナーに2D用物理挙動（Rigidobody2D）と、2D用の物理アタリ（CircleCollider2D）を設定しましょう。

■2D物理挙動を付ける
①Component >Physics2D > Rigidbody2D

■2D物理アタリを付ける
②Component > Physics2D >
CircleCollider2D

ゲームを再生すると、落下して地面に着地します。

WienerにあるRigidbody2DControlを開きプログラムしましょう。アタリ判定の関数名にも2Dが付きます。付けるのを忘れると動かなくなるので気をつけてください。

● Rigidbody2DControl

```
void Update () {
    if (Input.GetMouseButtonDown (0)) {
        GetComponent<Rigidbody2D> ().AddForce (Vector3.up * 300.0f); // チカラ.
    }
    if (Input.GetMouseButtonDown (1)) {
        GetComponent<Rigidbody2D> ().AddTorque (200.0f); // 回転.
    }
}

// 2D物理アタリが接触したら.
private void OnCollisionStay2D(Collision2D col){
    Debug.Log ("stay2d = "+ col.gameObject.name);
}

// 2D物理アタリが接触している時.
private void OnCollisionEnter2D(Collision2D col){
    Debug.Log ("enter2d = "+col.gameObject.name);
}

// 2D物理アタリから離れたら.
private void OnCollisionExit2D(Collision2D col){
    Debug.Log ("exit2d = "+ col.gameObject.name);
}
```

```
    // 範囲アタリが接触したら.
    private void OnTriggerStay2D(Collider2D col){
        Debug.Log("stay2d = "+col.name);
    }

    // 範囲アタリが接触している時.
    private void OnTriggerEnter2D(Collider2D col){
        Debug.Log ("enter2d " + col.name);
    }

    // 範囲アタリから離れたら.
    private void OnTriggerExit2D(Collider2D col){
        Debug.Log ("exit2d = "+ col.name);
    }
```

3Dの時と同じく見えない範囲アタリも用意されています。左右クリックで移動や回転を加わる事と、ヒットした物の名前がconsoleに表示されるのを確認して下さい。

おまけコラム ④

　私が(心の)師匠から教わったものはとても多いのですが、その中でも特に強く残っているものが「ゲームを見ながらゲームを作るな」というものです。

　それまで私は既存ゲームの中から表現を探したり、改良というワクの中でしか考えていませんでしたが、その言葉には目が覚めるような衝撃を受けました(多くのクリエイターにとってあたりまえの事なのかもしれませんけど……)

　この世にある数多の楽しさや遊びや面白さに目を向けると、とても表現の幅が広がり、まだ見ぬ魅力を発見、表現することができるかもしれませんよ。

Tips⑱ 変数のセーブとロード

クリアしたステージや、キャラクターのレベルや経験値のデータをセーブ、ロードすることも出来ます。

・「60_TIPS/67_SAVE/Assets/GameScene」を開く

セーブとロードには、文字列のキーワードを使いデータをセーブし、それを元にロードしてきます。int、float、stringの3種類の変数が扱えます。ロード時には初期値を設定できます。

・GameRootにあるSaveControlを開く

● SaveControl
```
void Start () {
    int highscore = PlayerPrefs.GetInt ("HIGH_SCORE", 100);     // intのロード.
    float distance = PlayerPrefs.GetFloat ("DISTANCE", 10.0f); // floatのロード.
    string name = PlayerPrefs.GetString ("NAME", "名無し");      // stringのロード.
    Debug.Log (highscore);
    Debug.Log (distance);
    Debug.Log (name);

    PlayerPrefs.SetInt ("HIGH_SCORE", 123);    // intのセーブ.
    PlayerPrefs.SetFloat ("DISTANCE", 12.3f);  // floatのセーブ.
    PlayerPrefs.SetString ("NAME", "のひと");   // stringのセーブ.
}

void Update () {
    if (Input.GetKeyDown(KeyCode.Delete)) {
        PlayerPrefs.DeleteAll ();          // セーブデータリセット.
    }
}
```

何度か起動しセーブ＆ロードできてる事を確認して下さい。

Tips ⑲ かんたんエフェクト3D

かんたんエフェクト
・ばーん！と飛び散るエフェクト

　攻撃がヒットした時などに出る火花などの、飛び散るエフェクトを作ります。Unityにはパーティクルという飛び散るエフェクトを扱う機能がありますが、設定するのが大変なので、初心者でも扱いやすいエフェクトを作ってみました。次のサンプルプロジェクトに入っています。

・「60_TIPS/68_EFFECT/Assets/GameScene」を開く

　すでに物理挙動のみ設定したStarが用意されています（エフェクトなので物理アタリは必要ありません）。

・prefab/StarにあるEffectControlを開く

　上、横、奥に乱数（ランダム）で散らしたチカラで射出。消えるまでの時間も散らして、ぱらぱらと消えるようにしましょう。

● **EffectControl**
```
    private    Vector3 vec;       // 飛び出す方向.
    private float dead_time;      // 削除までの時間.

    void Start () {
        vec = Vector3.zero;    // 初期化.
        vec.y = Random.Range (1.0f, 1.5f);      // 上方向に散らす.
        vec.x = Random.Range (-1.0f, 1.0f);     // 横方向に散らす.
        vec.z = Random.Range (-1.0f, 1.0f);     // 奥方向に散らす.
        vec *= Random.Range (300, 500);         // 飛ぶ強さを散らす.
        GetComponent<Rigidbody> ().AddForce (vec);   // 設定したチカラで射出.

        // 表示する角度も散らす.
        transform.eulerAngles = Vector3.one * Random.Range (0, 360);
        dead_time = Random.Range (2.0f, 5.0f);  // 削除までの時間.

        // カメラの方向を向く.
        transform.LookAt (GameObject.Find ("Main Camera").transform);

    }

    void Update () {
        dead_time -= Time.deltaTime;    // 削除までの時間.
        if (dead_time < 0) {
            Destroy (gameObject);          // 時間が来たら削除.
        }
    }
```

　ゲームを再生するとぴょんと飛び出したStarが一定時間で消えます。これをプレハブ化して、他のプログラムから呼び出してみましょう。

・GameRootにあるGameControlを開く

● **GameControl**
```
    public GameObject prefab_effect;     // effectプレハブを設定.

    void Update () {

        if (Input.GetMouseButton (0)) {
            createEffect ();    // エフェクト出す関数を実行.
        }
```

```
    }

    // エフェクトを出す関数.
    private void createEffect(){
        for (int i = 0; i < 3; i++) {
            GameObject go = Instantiate (prefab_effect);
            go.transform.position = transform.position;
        }
    }
```

・GameRootにあるGameControl>prefab_effect枠に
  Assets/prefab/Starを設定。

　ゲームを再生すると、左クリックするたびにStarが3つずつ飛び出します。攻撃がヒットした時などに出すと効果的です。

Tips ⑳ かんたん連射

　ボタンを押しっぱなしにするとダダダダッとショットを撃てたり、10秒ごとに敵が出現！　など一定間隔で処理するプログラムを知っていると便利です。

・GameRoot の GameControl を開く

● GameControl

```
    private float next_timer;            // 連射用.

    void Update () {
        // 一定時間に一度エフェクトを出す.
        if (Time.time > next_timer) {
            next_timer = Time.time + 1.0f;    // 現在時刻＋1秒後に再設定.
            createEffect ();    // エフェクト出す関数を実行.
        }
    }
```

　1秒おきに星が飛び出たら成功です。

第6章 ゲームを彩る表現集

Tips㉑ トゥーンシェーディング

←スタンダード

トゥーンシェーディング→

　ポリゴンモデルのフチが黒くなり、見た目がトゥーン（アニメ）のようになる方法を試してみましょう。まずはその機能をインポートしてくる必要があります。

●トゥーンシェーディングの機能をインポート

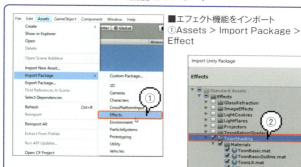

■エフェクト機能をインポート
①Assets > Import Package > Effect

■トゥーン効果のみインポート
②ImportUnityPackageから、Effect > ToonShadingにチェック

③「Import」を選択

インポートができたら、配置した星を選択して、「Shader」を変更してみましょう。

●Starをトゥーンシェーディングに

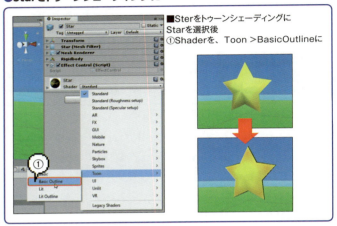

■Sterをトゥーンシェーディングに
Starを選択後
①Shaderを、Toon ＞BasicOutlineに

キャラクターのモデルに設定すると、アウトラインが付きます。ぐっと印象が変わるので、ゲームの雰囲気によって使い分けてくださいね。

Tips㉒ 一時的にスローにしたい

つづいて、攻撃がヒットした時、ミッションクリアした時などにゲームがスローになる演出があります。ヒットやクリアの余韻に浸れます。引き続き同じプロジェクト内で作ります。

右クリックしたら1秒間スローになるプログラムに挑戦してみましょう。

● **GameControl**
```
    private float slow_time;              // スローになる時間.

    void Update () {
        // スローにする.
        if (Input.GetMouseButtonDown (1)) {
            Time.timeScale = 0.1f;    // 1/10の速度に.
            slow_time = 0.1f;         // スローな時間設定.
        }

        if (Time.timeScale != 1.0f) {     // スロー中なら.
            slow_time -= Time.deltaTime;  // スロー時間を減らし.
            if (slow_time < 0.0f) {       // スロー時間が終わったら.
                Time.timeScale = 1.0f;    // 時間を戻す.
            }
        }
    }
```

ゲームを再生し、左クリックでStarエフェクトを出した後に、右クリックしてみましょう。一定時間スローになった後、時間が戻ったでしょうか。

Tips㉓ シーンを切り替えたい

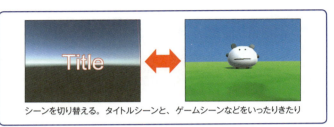

シーンを切り替える。タイトルシーンと、ゲームシーンなどをいったりきたり

　これまではGameSceneのみで作ってきましたが、他のシーンへの遷移も可能です。タイトルシーンや、リザルト（結果）シーンなど。

・「60_TIPS/69_SCENE/Assets/GameScene」を開く

　GameSceneとTitleSceneを既に用意してあります。まずはGameSceneからTitleSceneへの遷移プログラムを書きましょう。
・GameRootにあるGameControlを開く

　左クリックで「TitleScene」へ移動するだけのプログラムです。オマジナイが必要なのをお忘れなく。

● GameControl

```
using System.Collections;
using System.Collections.Generic;
using UnityEngine;
using UnityEngine.SceneManagement;     // シーン切替のオマジナイ.
```

```
public class GameControl : MonoBehaviour {
    void Update () {
        if (Input.GetMouseButtonDown (0)) {
            SceneManager.LoadScene ("TitleScene");    // TitleSceneへ移動.
        }
    }
}
```

別シーンに移動するには、次のように「BuildSettings」で、プロジェクトで扱うシーンを設定する必要があります。

●プロジェクトで使うシーンを設定する

①File ＞
Build Settings....

②Scene In Build画面で、必要なシーンを
ドラッグアンドドロップ (GameSceneとTitleScene)

「Scene In Build」画面を閉じたら、ゲームを再生してみましょう。左クリックで「TitleScene」に移動します。「TitleScene」にはすでに「GameScene」へ移動するプログラムが用意されているので、左クリックすればシーンを行ったり来たりすることができます。

ただ、何度もシーンを切り替えていると、ライトが消えて暗くなってしまいます。どうしたら良いのでしょうか？

●シーン切り替えで暗くなってしまう

シーンを切り替えていると場面が暗くなってしまう。

　LightningのAutoGenerateがオンに設定されていることで起きる現象なので、このオート設定をオフにしてみましょう。

●ライトのオート設定をオフに

■AutoGenerate設定の変更
①Windows >Lightning > SettingsでLightning設定画面を表示

②AutoGenerateのチェックボックスをオフに
③Generate Lightningを1度クリックで再設定

　設定が終わったら再生して確認してみましょう。シーンを切り替えても暗くなりません。

Tips㉔ その他の表現について

紹介されていない表現は、ネットで検索して見つけよう!

　本著で紹介されていなかった「ゲーム表現」は、ネットで検索しましょう！　Unityについての情報は、ネットでかなり紹介されていますので、探せば出てくる可能性が高いです。

　そういった「思い描く表現方法」を自分で探し出し、苦戦しながら実装していくというのも、「ゲーム作り」という遊びの面白さの1つなのです！

　思い描く表現方法を実現するために、調べたり考えたり、それを実装している時に「面白い！」と感じ、思い描く表現にたどり着いた時に「面白かった！」と感じることでしょう！　報酬は、遊んでくれたプレイヤーの笑顔です！

　「ゲーム作り」や「ゲームプログラム」のチュートリアルはここで終了です！　この先はあなたがここで得た知識や経験を活かして、実践していくターンです！

「とあるゲームプランナーのトホホ日記」(7)

　しばらく社内ニートとしてふらふら穀潰しをしていると、本部長に呼び出され、「開発中ゲームのディレクターをやれ」というもので、引き受けることに。

　開発も終盤で時間もない事から、毎日2時間かけて開発現場にかけつけ、その場で調整＆ディレクションを行うことに。

　無事リリースまでこぎつけ、配信開始！　世界中から届けられる楽しんでいるという声に喜んでいるのもつかの間、とんでもない事に！

　もともと1年間で目標にしていたダウンロード数を、ほんの数日で達成することに！　今はもうひっそりとストアからは姿を消しましたが、最終的にはとんでもないダウンロード数に。

　数回のバージョンアップを重ね、運営も滞りなく終了。また社内ニートに逆戻り。

　当時流れが来ていたジャンルに挑戦する企画を提案。幾つかの社外の事業部を巻き込む企画だったので、各事業部に飛び込み営業！　多くの仲間ができ、構想としてはとても大きな企画になるも、最後はコンペに破れ、企画は中止に……

　しばらくすると十年来の友人から連絡があり、とんでもない危機に直面していると——

　トホホ日記はここでおしまい。今、関わっている仕事の事は生々しすぎて書けません……

　ただ、今日も元気に、全力で面白いゲームを届けるために頑張っています！　　　　　　　　　　　　　　　　（終）

第7章

さいごに

プリンスとパパパンダ、コパンダで探した、
誰も手にしたことのないお宝は、
結局見つからなかった――

でも、誰もが手にできる、目標に向かって
挑む面白さ＝宇宙最高のお宝を手にした
ことに、彼らは気づいていない。

あとがき

　この本を最後まで読んで頂きありがとうございます。少しでもプログラミングやゲーム作りの面白さに気付いてもらえていたら嬉しいです。「なんとなくプログラムを作りたい！」という気持ちが、「こんなゲームを作る！」になっているともっと嬉しいです。

ゲーム作りはなぜ面白いのか？

　「はじめに」で書いたこの問いの答えは、もうなんとなくでも気付いている事だと思います。「面白いゲームを作ろう！」と目標に掲げ、どうすれば面白くなるのかを考え、実際に手を動かしてプログラムしていき、出来上がったという結果、そして遊んで貰えた時の「面白い！」という笑顔は苦労をすべて忘れさせてくれる報酬になります。4章で紹介した「面白さの作り方」そのものですよね。

　私は「ゲーム作り」が大好きです。楽しくて、面白くて仕方ありません。多くの人にこの魅力を知ってもらいたいと思ってこの本を書きました。あなたにはその魅力が少しでも伝わったでしょうか？

　最後まで読んでいただいて本当にありがとうございます。さてと、私は筆を置いて、大好きな「ゲーム作り」に戻るとします。

2018年3月15日 あすなこうじ

スタッフクレジット

キャラクターボイス　山口勝平
ボイス収録　株式会社RRJ橋満克文

キャラクターデザイン　小林くるみ
3Dモデル　乃生晋平
3Dアニメーター　秦功次
2Dデータ　落合功多
サウンド　矢野義人
歌　澁谷美幸
セリフ　押山萌香
テスター　高橋翠
プログラム監修　加藤政樹

編集　品田洋介
発行　SBクリエイティブ株式会社

企画・監督・執筆　あすなこうじ

. . . and YOU.
THANK YOU FOR READING.

※著者版ゲーム中フォント：PixelMplus
http://itouhiro.hatenablog.com/entry/20130602/font

パスワード：hajimekata

サイエンス・アイ新書
SIS-406

http://sciencei.sbcr.jp/

プログラミングのはじめかた
Unityで体験するゲーム作り

2018年 4 月25日　初版第1刷発行

著　　者	あすな こうじ
発 行 者	小川淳
発 行 所	SBクリエイティブ株式会社
	〒106-0032　東京都港区六本木2-4-5
	営業：03-5549-1201（営業部）
制　　作	株式会社エストール
装　　丁	宮園法子
印刷・製本	株式会社シナノ パブリッシングプレス

乱丁・落丁本が万が一ございましたら、小社営業部まで着払いにてご送付ください。送料小社負担にてお取り替えいたします。本書の内容の一部あるいは全部を無断で複写（コピー）することは、かたくお断りいたします。本書の内容に関するご質問等は、小社科学書籍編集部まで必ず書面にてご連絡いただきますようお願いいたします。

©あすな こうじ　2018 Printed in Japan　ISBN 978-4-7973-9390-3

SB Creative